焦虑又怎样

RATTATATAM, MEIN HERZ

〔德〕弗兰齐丝卡·赛柏特（Franziska Seyboldt）◎著

束阳◎译

图书在版编目（CIP）数据

焦虑又怎样 /（德）弗兰齐丝卡·赛柏特著；束阳译. -- 北京：北京联合出版公司，2019.5
书名原文：RATTATATAM,MEIN HERZ
ISBN 978-7-5596-2944-9

Ⅰ.①焦… Ⅱ.①弗…②束… Ⅲ.①焦虑-心理调节-通俗读物 Ⅳ.① B842.6-49

中国版本图书馆 CIP 数据核字（2019）第 036799 号
北京市版权局著作权合同登记：图字 01-2018-8727

Originally published in the German language as "Rattatatam, mein Herz"
by Franziska Seyboldt © 2018, Verlag Kiepenheuer & Witsch GmbH & Co.KG, Köln.
Through Bardon – Chinese Media Agency,
All rights reserved.

焦虑又怎样

项目策划 斯坦威图书
作　　者 （德）弗兰齐丝卡·赛柏特
译　　者 束　阳
责任编辑 宋延涛
策划编辑 李佳铌　张其欣
封面设计 昇一设计

北京联合出版公司出版
（北京市西城区德外大街 83 号楼 9 层　100088）
天津中印联印务有限公司印刷　新华书店经销
127 千字　880 毫米 ×1230 毫米　1/32　7 印张
2019 年 5 月第 1 版　2019 年 5 月第 1 次印刷
ISBN 978-7-5596-2944-9
定价：45.00 元

未经许可，不得以任何方式复制或抄袭本书部分或全部内容
版权所有，侵权必究
本书若有质量问题，请与本公司图书销售中心联系调换
纠错热线：010-82561793

目　录　CONTENTS

1　突然的昏倒 001
2　焦虑突然出现 005
3　像龟一样活着 009
4　发言变得很难 011
5　糟糕的报告 015
6　严重的怯场 021
7　失败的心理治疗 025
8　追溯焦虑之源 031
9　焦虑无处不在 035
10　试着与焦虑相处 041
11　再次求诊治疗 049
12　喉咙里的乒乓球 059
13　焦虑引起肾上腺素上升 061
14　泌尿科求诊 065
15　治疗初见成效 067

16	梦见我会飞	071
17	与尤里安出游	073
18	到达兰萨罗特岛	085
19	偶遇飓风	093
20	梦中乘坐火车	099
21	朗读会不再怯场	101
22	生日回顾往事	107
23	与父母一起旅行	115
24	洗澡遭受惊吓	119
25	抑郁频繁发作	121
26	书引发的争吵	127
27	写于韦尼格森修道院的日记	133
28	让座纠结	143
29	"界限"问题	147
30	继续接受治疗	155
31	观察思想	159
32	焦虑的故事	163
33	公开的羞辱	169
34	瑜伽练习	173
35	性情愈发真实	177
36	梦境释放压力	187
37	寻找平衡	189
38	电视上谈论焦虑	191
39	身体检查无恙	193
40	焦虑再次来访	203

41 不再隐藏 207
42 跳舞 211
43 文章受到好评 213
44 与焦虑说再见 217

1

突然的昏倒

12岁那年,我熟悉的世界消失了。当我躺在诊疗室的床上,晃着腿,漫不经心地听着母亲与医生的谈话时,我想起了我的朋友们。此刻,她们正练着平衡木,生着我的气。我酷爱竞技体操,却耽误了两节课。此外,窗外阳光明媚。

在背阴的诊疗室内,医生开始了检查。她东敲敲西敲敲,听听这儿又摸摸那儿,最后用一个小仪器照进了我的耳朵。漏斗状的耳镜触碰着我耳道内的汗毛,弄得我直痒痒,很不舒服。这让我想起了多年前的另一位医生,她为了找出我肚子疼的原因,把手指塞进了我的屁股里。随后,我不禁呕吐了起来。

现在,我的耳朵里沙沙作响,犹如大西洋海岸边澎湃的波涛。我曾在度假时见过这一场景。冰冷的浪花扑打在我的四肢上,同时我胃里的一束阳光透过躯干向上照射,晒得我脖子疼。无数黑点从医生的身上剥落,并开始在我眼前飞舞。它们手挽手,组成一排,如同狂欢节上身着红衣的女孩们,不停地蹦蹦跳跳,直到我合上眼睛,任凭摆布。任凭谁的摆布?我不知道。我离开了,却仍然在那儿。狂野的梦撕扯着我的意识,一切都如此喧嚣、匆促、尖锐,持续了亿万年之久。

"喂?"

"喂,你听得到我吗?"

当我再次醒来时,海浪已经退去了,只剩下虚弱无力的宁静,遍布在我被汗水湿透的身边。跳舞的女孩们渐渐淡出,海上模糊地倒映着一张我不认识的脸庞。

"我在哪儿?"

"这儿,你在这儿。你晕过去了。"

有人抬起了我的腿,把什么东西垫在了下面;有人拿来了水,我喝了一口;有人把他冰冷的手放在了我的额头上。母亲在那里,医生在那里,窗户在那里。窗外阳光明媚。

一切又恢复了老样子。

一切又都不是老样子。

2

焦虑突然出现

一刻钟后,我第二次晕倒了。

医生之前向我们说明过了,这种情况会时不时出现,尤其是在发育阶段的小女孩身上。另外,也因为我耳朵里掌管平衡感的器官过于敏感,所以才会出现这样的状况,不必担心。然后她把我们带到了隔壁诊室,因为进行过敏原测试需要抽血,这也是我们来医院的本来目的。在这个诊室里,一位态度很差的护士让我把上衣掀开。我看着这一堆乱糟糟的医疗设备和瓶瓶罐罐,感觉自己的心情也是如此。我正想问护士,为什么要在我背上,而不是在我手上消毒扎针时,她就拿着一把金属小刀扎进了我的后颈。

母亲果断扶住了我,以防更糟糕的事发生。事后她告诉我,她和我同样惊讶,因为医生并没有说,做检测用到的血液需要混合淋巴液。

再次醒来时,我躺在铺着纸垫的床上,纸垫刺得我背上发痒。床脚站着一个人,模模糊糊的样子让我觉得有点熟悉。当它开始讲话,我才认出它是谁。它是我的焦虑。

"简直是胡来!"焦虑边说边挑了一下眉,"你还好吗?"

我拭去眼角就快流下来的一滴泪水。焦虑跨坐在床上,打量着我。

"这儿到底是什么房间?我还以为大件垃圾是下周才扔呢。"

我忍住笑。焦虑总是说这些大人的事情,我才不会在梦里想到这些事。就算梦到了,我也不敢说出来,更何况护士还在房间里呢。焦虑觉得无所谓,它就是为了保护我。它的出现也意味着情况不妙。

"听着,"焦虑弯腰凑近我,警告我说,"这个医生不适合你,你最好永远都不要再看医生。"

"为什么?"

"因为这种事还会再发生。你感觉到纸被你揉皱了吗?以后每当你听到纸被揉得窸窣作响,你就会觉得头晕。每当你看到一个耳镜,就算只是远远地看着,你也会心跳加速。然后,砰的一声。"

"耳镜是什么?"

焦虑用拇指和食指比出手枪的模样。

"就是这个东西,医生用它照进你的耳朵里。"

然后,它笑着抚摸我的双腿。

"快向我保证,你会远离医生。"

我答应了它。

后来我把请假条交到学校,体育老师用责备的目光看了看她的手表。

"为什么要这么久?"

因为我第一次经历那些事情,那些恐怖的事情。因为我的世界完全变了样。那节课快结束了,我只能长话短说:"我晕倒了。"

老师仔细打量了我一番,然后吹响了她的哨子,示意其他女生去更衣室,顺便转过头来说了一句:"在我家里还从来没有人晕倒过。"

尽管我当时还不认识"侮蔑"这个词,但我第一次知道那是什么感觉。

3

像龟一样活着

在美好的日子里醒来,我就是一只乌龟。我武装到牙齿,穿过大街小巷,从容地完成一天的工作。我的视野时窄时宽,肚子里像装了一盘原汁鸡丁一样,温暖、柔嫩、散发着肉豆蔻的香味。在这样的日子里,没人能把我怎样。我有厚厚的皮肤,结实的龟壳。我的龟壳就是超市收银台上用来区分自己和别人东西的小隔板,是我与世界之间的一道天然屏障。你的,我的,泾渭分明。我不会为排在我身后的人出现的问题买单。有时我觉得,多数人都不知道另一种状态。电视里肥胖的老男人、自信登场的政客、蔬菜店里永远带着微笑的售货员,他们只不过是心满意足的乌龟罢了。

在糟糕的日子里醒来,我就是一把筛子。各种杂音、气味、颜色、心情和人如同煮面的汤一样啪嗒啪嗒从我身上流过。淀粉黏在我身上,留下一层难以冲掉的膜。在这样的日子里,一切都过于嘈杂、亲密,没有距离。把这种状态称为"脸皮薄"可能太客气了,因为皮已经没有了,在一夜之间脱落了。器官裸露在外,默默跳动。身为筛子总是要开门迎客。欢迎光临,请进!我的门面早已垮塌。这让我觉得,我周围的世界很虚幻,或者虚幻的是我,总之我们格格不入。白天的我跟跟跄跄,一直在找寻一个依靠。用专业术语来说,这叫"人格解体",但是知道了也不会有什么用。

有时,我会有几天活得像乌龟一样,有时几周,甚至几个月都处于这种状态。但是我的龟甲不知何时就会漏成筛子,通常都在我的意料之外。

4

发言变得很难

同样让我意想不到的是,我后来一直在开会。以前我设想自己将来会成为作家或者记者,安安静静地与文字打交道,写一些别人也会安静阅读的文章。我觉得这个想法非常诱人。文字,成了我思想的传达者。当然,我也会出门和别人见面,但是在这之后,我要在温馨舒适的房间里,一边听着音乐、烘着脚,一边坐在写字台前写文章。

事实却不尽如此,做了《日报》(*Die Tageszeitung*)的网络编辑之后,我的脚总是湿冷的。

我通常是主笔,也就是说,我需要规划页数、统筹全局、整理新闻,还要参加晨会,向其他主笔们报告今天的主题。他们中多数人都比我年长很多——24 岁的我算是整栋楼里最年轻的——有些人甚至是报社的元老，看上去目中无人。这里有非常特别的讨论文化，大家都爱争论，这对我来说很陌生。有时我觉得，大家是为了说话而说话。这是一种动物性的炫耀行为，就像在说："嗨，我也在啊！"

而我根本不想待在这里。我没有参与讨论，而是坐在第二排，观察我的同事们。有人双手交叉，置于脑后；有人晃动脚尖；有人在报纸上涂涂写写；有人眼神里带着嘲讽。有的嘴巴在打哈欠，有的嘴巴滔滔不绝，有的嘴巴被胡须围绕。我闭上眼，试着听声音辨别谁在说话。结果猜了十个全中。我的注意力像一只顽皮的小狗，到处抬腿撒尿，就是不在它应该在的地方。才用哨声把它叫回来，不一会儿它就又跑走了。或许这也是一种苛求，如同以前在学校里经历的一样——不知道几何是什么，却闭着眼睛都能把数学老师脸上的法令纹画成梯形图。结果每次在其他人讨论内容的时候，我都在察言观色。我虽然看得见他们的嘴唇在动，却听不见他们说了些什么。

我当然认为所有人都和我一样观望着。人们总是愚蠢地以己度人，身为社交恐惧症患者也是如此。这意味着，我必须注意我的言行举止。每一次口误、双手的每一次颤抖、每一次短暂的脸红，都会被同事捕捉到，并影响他人对我的评价。我可不能让他们看我出洋相。

而我在会上总是最后一个发言,这让情况更糟糕了。紧张不安的情绪就像一盆植物,它不断地快速生长。一个小时很长,足够给它浇水施肥,直到它抽出新芽,花骨朵一个接一个爆开来。

终于,我像背书一样说了几句可笑的话,可是已经没有人在听我讲了。最后,大家都必须选边站。我每次都在想:"这根本没有这么糟糕。"但这总是在事后想起来才觉得事情没有那么复杂。

偶尔我会向朋友们倾诉我的问题。"这就是怯场,"他们说,"人人都会如此,没必要担心。"

"不是的,"我反驳道,"这不是怯场,或者,不只是怯场。"

"那还有其他原因吗?"朋友们问道。

我说:"我怕我会晕倒。"

说这话的时候,我缩着头,呈保护姿势,等待朋友们的疑惑如潮水般涌来,而他们的确每次都是这么做的。

他们问:"可是,你为什么会晕倒?"

我反问道:"为什么不会呢?"

5

糟糕的报告

法语老师要求我们自选一本书做报告,我当即决定选择鲍里斯·维昂(Boris Vian)的《泡沫人生》(*L'Écume des jours*)一书。书中的第五句话揭示了原因:"科林放下梳子,拿起指甲刀,将他无精打采的眼睫毛边缘修剪成斜的,让他的目光充满神秘色彩。"这正是我的幽默。

自从那次看医生发生了不愉快的事情之后,我就难以接受医疗过程的现实主义描述方式,因为焦虑那天所说的话都一一应验了——无论是别人讲述,还是我在电影中看到的,或是在书中读到的这些描述,它都会再一次把我直接弹射回诊疗室,导致我眩晕、心悸——然而,超现实主义是我的救星。它展现了一个平行世界,在那里,没有肿瘤在肺部滋生,有的只是一朵睡莲,里面有只老鼠向猫乞求安乐死,阳光透过每一面墙照进房间里。太抽象了,以至于我无法真正地身临其境。

报告时长为半小时,且会决定成绩单上的分数。因此,我认真地准备了一下。我购买了艾灵顿公爵(Duke Ellington)的《克洛伊》(*Chloe*)这首曲子,它是维昂创作女主人公的灵感来源,我想在报告开头放这首歌。我还研究了爵士乐与文学的关系,唯有如此才能才思迸发。我不愿做一个无聊的报告,仅仅枯燥地复述这本书的情节。我认为,鲍里斯·维昂不该遭到这样的待遇,我的同学们也是。

终于,在某个周三,轮到我做报告了。我站在讲台上,喇叭里播放着《克洛伊》这首曲子的前奏,是一段听起来很陌生的长号,"哇哇——哇——哇——哇——哇——"。我的目光在教室里扫视,我看到淡漠的眼神,在书上乱涂乱画的手,边咯咯笑边窃窃私语的嘴唇。然而,这些并不是我所期待的画面。老师双手交叉,坐在暖气上,似乎在等待着什么。

或许这一刻,我已经失败了。我有些不知所措,无法继续自己的计划,我没有舞台剧演员那样的自信,不知道如何掌控观众。我提早结束音乐的播放,开始做我的报告。教室里变得鸦雀无声。

当我熬过了最初的十分钟时，门突然被大力地打开了，砰的一声撞到了墙上。焦虑溜达了进来，单肩背着书包，一副不修边幅的样子。它朝我挥手示意，坐到了最后一排。我也用力眨了几下眼睛。迄今为止，焦虑还从来没有关心过我在学校的生活。兴许这次是因为超现实主义。

我看着手中颤抖的卡片，试图重新找回中断的思路。卡片上的字在我的眼前变得模糊起来，我听到有人在讲话，但是听不懂说了些什么。我的胳肢窝直痒痒。我坐在了讲台上，好让自己有个支撑，并继续我的报告。

过了几分钟，有人打响指。我中断讲话，看到焦虑站了起来。

"我有个问题。"它说。

"现在不行，"我说，"等报告结束再提问。"

"这个问题很重要！"它喊道。

老师坐在暖气上动来动去。

"你还好吗?"老师问。

我点点头,朝焦虑的方向叫道:

"那就问吧。"

"我想知道,"焦虑说,"你这么激动,不觉得尴尬吗?"

我无法理解。焦虑没有支持我,反而突然开始给我捣乱。这不是我认识的它。

"你哪根筋搭错了?我只是有点怯场而已,这很正常。"

"我可不这么认为,"焦虑说,"你再想想,眩晕、双手发冷、心悸……"

我倾听着内心的声音。

"……和当初看医生时一样,对吗?"

焦虑目不转睛地看着我。

"你什么意思?"我问它,人中直冒冷汗。

"有第一次就有第二次,你随时可能晕倒。"

焦虑俯身向前,把双手撑在桌上。

"你的同学们会怎么想呢?"

我头晕得更厉害了。要是焦虑说得对,怎么办?我的身体一点也不靠谱,这一点在那次看医生的时候就表现得很明显了。也许我刚才所感受到的确实不是怯场,而是"恶意攻占",是对我意识的侵略,是晕厥的先兆。

报告结束了,像做梦一样,我不知道刚才讲了什么。这也不会是最后一次。

6

严重的怯场

怯场是真实的,这种感觉让我活在当下——毕竟我亲身经历了手心出汗、心跳加速以及口干舌燥——而晕厥则是反乌托邦的未来远景,可以说是还未发生的最坏情况。然而,我时刻感觉自己徘徊在晕倒的边缘。

我成为编辑已经一年了,而我在晨会上的紧张情绪却没有丝毫减少,反而愈发严重。这甚至让我变得比初来乍到那会儿更加脆弱,以至于我把朋友们善意的建议——"多经历几次就不会紧张了"——全都当成了谎言。显然,反复地经历某一场景并不能帮助我们去适应它。

在那一天,我屈服了,或许是因为我晚上没睡好,抑或是房间的异味比以往更难闻,又或者太多的事情凑到了一块。我不知道。我只知道，我在椅子上坐不住。当别人为了他们的主题出现在显眼的版面而努力时，我把出汗的双手垫在大腿下，坐在手上，以防自己逃走。我的脑袋嗡嗡响，仿佛有人放了一个震动按摩器在上面，我的血液在沸腾，我的胳肢窝在发痒，一切都陷入了骚动。

尽管我喷了止汗露，但是因为紧张而出的冷汗还是很难闻。它闻起来比天热或者做运动而流的汗更加刺鼻，大概是为了从气味上吓退进攻者。现在进攻者就在我自己的脑袋里，这就有点没意义了。

轮到我的邻座发言了，他的肢体动作很夸张，所有人的目光都落到了他身上。我就坐在他旁边，余光所及之处，我也察觉到了他人的目光。假如现在我昏倒了，假如此刻晕厥占据了我的身体，那我就会成为全场的焦点。这也让我眩晕的感觉更加强烈了。

假如……

我想象着自己从椅子上滑下去的情景，不对，应该是我的大脑想象着。我并没有真正参与其中，没有参与神经元之间的突触传递，没有参与思路的跳跃，这经常自发地在我的脑海中发生。这是最糟糕的,我无处施加控制。

我的大脑想象着自己从椅子上滑下去,砰的一声落到地上,消失在他人的视野里。这还不是全部,更精彩的是醒过来。因为我不是缓缓醒来,而是猛地一下子被弹射回现实世界。所有的同事围成一个半圆形站在我面前,脸上写满了担忧。在这种情况下,我只能任凭摆布,像个婴儿一样无助,因为我根本不知道自己是谁,在哪儿。

随后楼梯上传来大家的窃窃私语:"她怎么了?"我极力回避这一切。"离开这里,出去,快!"我心里想着。我佯装咳嗽发作,跑出了房间,边跑边重重地咳嗽了几声,好让自己不被人指责逃会,其实好像也没人在乎这一点。站在洗手间的水池边,冰凉的水流过我的双臂,我望向镜子,看到了焦虑,也看到了我自己。不同寻常的是,我们的轮廓很模糊,像电影般叠加在一起的画面使我们无法分清你我。

我第一次错过了自己的发言机会,第一次逃离了让我感到焦虑的场合。我需要帮助,或者,我得辞职了。

7

失败的心理治疗

我第一次治疗是在一位像汉尼拔·莱克特（Hannibal Lecter）①的医生那儿。因为他是唯一一位不用排队三年就能预约到的医生，所以我也就不计较他那难以让人产生信任的外表了。我承受的心理压力太大了，当我最终决定接受治疗后，我想尽快找到一位医生。

事后经常有人问我，为什么这么晚才寻找专业人士的帮助。我周围的人都很豁达宽容，大家不会因此指责我。一些朋友已经接受过治疗了，另一些朋友本身就是学心理学的。我到底在担心什么呢？我的回答是："接受治疗就表示承认

---

① 汉尼拔·莱克特是犯罪悬疑影片《汉尼拔》（Hannibal）中的角色，他是拥有心理医生背景的连环杀人魔，因食人而令人印象深刻。

——译者注

自己有问题。"以前,我可以完美地掩饰这一切,尤其是对自己。好吧,我有讨厌的焦虑问题,但每个人都会有这样那样的小毛病啊。突然之间,这些毛病就要被搬上台面,得到诊断了。

直到做了测试,我才意识到,我的情况到底有多严重。首次治疗过后,我购买了"汉尼拔"医生推荐的《终于摆脱了焦虑》(*Endlich frei von Angst*)这本书。这是一本典型的指导手册,封面上写着"了解思维模式,积极训练,获得自信",无不传达着此书值得一读的信息。书中有一处测试,在下一次治疗之前,我得答完所有的题目。"你因为焦虑而感到自卑吗?你担心自己变得精神失常吗……"我时而打1分,时而打5分,结果是我有严重的焦虑症。"你因为焦虑而受到了相当大程度的制约,"分析中写道,"你时常感觉必须要做些什么事情。"而我已经做的事,就是连续两个周二去看心理医生。

事情有些麻烦,汉尼拔和我合不来。在我的想象当中,一位好的治疗师应该善解人意且不妄加评判。汉尼拔则完全相反。我觉得他并没有认真对待我以及我的问题,我甚至察觉到他的嘴角时不时掠过一丝鄙夷的笑容。如果你对一个心理医生敞开心扉,而他却无动于衷,那这绝对不是构建良好医患关系的基础。聊以慰藉的是，汉尼拔这个食人魔到现在还没把我吃了。

此外，我也不喜欢认知行为疗法。尽管众多研究都证明，与其他疗法相比，该疗法在治疗焦虑症方面见效快，且拥有最高的治愈率，可我还是觉得这种方法极为抽象。理论上很清晰：我们的大脑从孩提时起就学会了某种思维模式。我们越经常重复这一思维模式，就越会走老路、墨守成规。这就好比树林中我们每天慢跑的那段路，年复一年，松软的土壤渐渐被踏实，而我们也会自然而然地选择这条路，因为它一眼就能看到，跑在上面也最舒适。改变思维方式则意味着，我们要同灌木丛做斗争，开辟新道路，并且需要一次又一次地努力，因为走出一条新道路要花很长的时间。

尽管如此，这还是像以前的化学课。所有的分子式和推导一开始听起来很有逻辑，明白易懂，但当我试着真正从情感层面上去理解它们的时候，却根本什么也得不到。在行为疗法中，我所有复杂的情感都被简化成大脑中的某一流程，这个流程可以通过规律的训练来改变。脑袋坏了，练习，练习，练习，脑袋又好了。对我来说，这太简单粗暴了，也过于医学了，这与我和我的生活没有任何关系。

在第三次就诊时,汉尼拔把我的日程安排从起床到开晨会一字一句地记录下来。然后我要做放松训练,而他念着写在纸上的东西:去厨房,泡咖啡,穿衣服,去上班。在这枯燥乏味的练习中——专业术语叫系统脱敏疗法,我要生动地想象这些情境,并唤起与现实中相同的感受。我的感受是没有感受。正如我无法一下子放轻松一样,我也无法轻而易举地召唤出焦虑。毕竟焦虑还有其他事情要做。此外,我的大脑更加关注诊所的设施,并试着回忆电影《沉默的羔羊》中的情节。

第四次治疗时,汉尼拔建议我在晨会中说出我的感受。他怎么不干脆建议我袒胸露乳地在晨会上做报告呢?他该不是真的要我把苦心经营多年的完美形象——一位干练、乐观的职场人士——有意拆解掉吧?

"如果我们暴露自己的弱点,会赢得他人的好感。"他说。

而我恰恰想要竭尽全力避免暴露自己的弱点。

他还认为我已经康复了,这正合我意。并且他告诉我,他没有什么能为我做的了。或许在这一点上他是对的,不仅是因为他的要求不切实际,更是因为我并不满足于在治疗中他人为制造焦虑的状态,而且还失败了。我想了解,为什么焦虑从我的朋友变成了我的敌人。

8

追溯焦虑之源

7岁那年,我失去了双亲。这并非第一次,也不是最后一次。通常,他们死于交通事故。警察站在门口说:"非常抱歉。""是的,两人都遇难了。""一切发生得太快了。"只有手拿花边手绢的老妇人们出席了葬礼,她们一边抚摸着我的头发,一边互相私语:"可怜的孩子,现在她无依无靠了。"至此,我也被自己幻想出来的场面所感动,眼泪不禁流了出来。

有时,我还会幻想父母坠机或者感染致命病毒而亡。在另一个版本中,只有母亲去世了,除了自己的悲伤外,我还要面对父亲的哀痛。这是更高的级别,尽管我没有失去一切,但是今后不得不背上装满自怜与同情的背包,艰苦度日。

那时我就已经养成了尝试体会各种情感的习惯，就像试穿各种衣服一样。焦虑经常看着镜中的我。

它说："你必须学着处理各式各样的情况，才不会碰到让你措手不及的事。"

我努力练习，毕竟我有许多时间，没有电视、网络和兄弟姐妹。而且，我患有慢性支气管炎，每隔三周，我就会因此被困在床上，透不过气来。在我错过学校郊游、芭蕾舞演出和生日聚会的时候，焦虑就会坐在我的胸口，担忧地看着我，用它的听诊器为我听诊。

我们为了消磨时间而想出了"假设游戏"。玩这个游戏除了想象力，其他都不需要。游戏的内容包括：假如我的父亲真的在另一个城市找到了工作，我们必须搬家，会怎么样？假如我去到了一所新学校，和一群陌生的、吵闹的孩子在一起，会怎么样？他们会喜欢我吗？假如我一夜暴富，会怎么样？我会买一匹马还是一栋房子？或者都买？当然，我也经常想，假如父母都去世了，会怎么样？我要怎么过活？谁会在我生病时照顾我？

不断地预演所有可能发生的事，做好应对每一种情况的准备，这种做法竟出奇地令人满意，仿佛我要完成一次精神上的格斗训练，这是突触的自卫，要达到黑带水平。我想着，当我回到现实生活中时，我应该不会碰到棘手的事了，长大成人后也是。就算发生了高度戏剧化的事情，让我身边的其他人都惊恐不已，我也只会若无其事地摆摆手，推一下鼻子上的墨镜，说一句："我早就见怪不怪了。"接着喝一杯鸡尾酒。

理论部分到此为止。实际上，病好了之后我欢天喜地。我把时间都用来干那些孩子们都爱干的事：爬树、玩警察抓小偷、和好朋友见面。与人们通常所期望的焦虑症患者不同，我并不是一个胆怯（ängstlich）[①]的孩子（也不是特别胆怯的大人），至少不符合这个词（ängstlich）的常用含义——害怕或者畏惧。第二层含义更符合：谨小慎微、小心翼翼。我比多数同龄的孩子都要谨慎，我常常想太多，尤其担心我的行为带来的后果。

例如，以前每当我感到恼火的时候，我就静下心来，走到书桌旁，拉开抽屉，取出一个装着旧铅笔的盒子，然后坐在桌子上，揭开盒盖，把铅笔一只接一只取出来并折断。我把折断后依然够长的笔放回盒子里，二次利用，其余的就

[①] 德语中，形容词 ängstlich 有两层含义，既可以表示胆怯的、畏惧的、害怕的，也可以形容谨小慎微的、小心翼翼的。　　——译者注

扔掉。这种受控的发泄方式只会偶尔伤到自己,但不会伤及他人。

据说,抑制愤怒是焦虑之源。但我又能做些什么呢?自从我能够思考,焦虑就已经在那儿了。此外,它不知疲倦地向我念咒:"如果你公然发怒,没人会把你当回事。你必须学会控制自己,唯有如此你才能无懈可击。"

9

焦虑无处不在

戈尔德贝格诊所位于一座豪华住宅的一楼。嫩黄色的门面衬托出白色的青年风格纹饰。阳台被细心打理过，种上了花草。每次我锁自行车时，总有一位快递员恰好站在门口。栗子树下散步的人们看起来对生活游刃有余。只有墙上挂着的黄铜色牌子默默地戳穿了这一谬见——"戈尔德贝格博士，精神病与精神疗法专科医生"。

有时我来早了，就在对面的长椅上坐着等一会儿，直到开门。然后我和自己打赌，猜那些人是附近的居民还是病人。那位头发悉心打理过、穿着高跟鞋的女士是居民，那个身穿工装裤、白色运动鞋沾满尘土的男人是建筑工人，那个穿连帽卫衣、棕色眼睛、身材瘦长而动作笨拙的人是病人。

我从来不知道我赌赢没有。就诊时间空当安排得非常紧凑，我见不到在我之前或之后的病人，这种感觉就好像戈尔德贝格医生始终只等待着我一个人。虽然我知道现实并非如此，但这是一种美妙的感觉。这是只属于我的时间、我的周一傍晚、我的医生。

在"汉尼拔"医生那儿的治疗不是很愉快，此后的几个月里一切基本上一如既往——工作、日常事务、焦虑。治疗没有任何效果，非但没有让我觉得更好，反而起了反作用。有几次我觉得我大概真的无药可救了吧。事实上，"汉尼拔"医生是个好人。最后，我还是决定，放弃行为疗法，进行第二次尝试。这一次我想深入一点，当然也不至于到精神分析的深度。我选了一个折中的办法：基于深层心理学的精神疗法。我给三位医生的语音信箱留了言，其中一位一直都没有回电话，第二位和我说要等很久，我很庆幸，因为一听到他的声音，我就感到不舒服，第三位就是戈尔德贝格医生。

他不仅让人觉得和蔼可亲，而且能预约到。我很幸运，一方面，因为大多数人得等很久才能得到治疗，即使他们的情况严重到不得不看医生的地步；另一方面，因为我终于不再觉得我的焦虑状况被低估。在戈尔德贝格医生那儿，我是一个患了焦虑症的人；而在"汉尼拔"那儿，我只是有着焦虑倾向麻烦的病人。

就在第一次见戈尔德贝格医生前不久,我还在想着逃避,想去街对面的按摩店消磨一小时的时间。那家店的黑板上写着"放松面包与心①",有人擦掉了"身"字,改成了"面包",也许是旁边面包店的营业员连着三天五点起床,疲惫不堪,在上班的路上改掉的。因为我经历了"汉尼拔"的治疗,所以我深信,人们为了健康会去蒸桑拿或者按摩,而不是去接受治疗。治疗就像是改造一座嘈杂、混乱的大都市。城市的每个角落都布满了窟窿,摩天大楼拔地而起,精神的建筑工(指心理医生)在当中拿着巨大的螺丝刀将松动的螺丝又拧紧。这个过程会产生疼痛,所以桌上总是放着一包纸巾。

事实证明,除了纸巾之外,我搞错了。

戈尔德贝格医生握手时强劲有力,神情友好坦率,比我略矮一点。他的样貌正是人们想象中戈尔德贝格医生该有的样子,只是在现实生活中他们的名字不同罢了。房间里摆了一张皮质沙发,上面有五个抱枕,还有一张沙发椅和一个玻璃柜。墙上的黑白相片排列有序,相片里的模特在拍照前

---

① 原为"Entspannung für Leib und Seele(放松身心)",有人将 Leib(身体)中的"e"改成了"a",变成了 Laib(圆面包)。 ——译者注

都精心打扮过一番。戈尔德贝格医生用手势示意我落座，于是我坐在了沙发上。我当然要坐在沙发上，毕竟我是来看医生的。

有时我在想，是否其他病人会理所当然地坐在沙发椅上，是否戈尔德贝格医生会像我一样，一边说话，一边坐在沙发上玩抱枕。他会说些什么呢？关于孩子？烦恼？渴望？关于戈尔德贝格医生，我几乎一无所知，尽管如此，我还是对他推心置腹。我陷入了一个矛盾的困境：一方面，我很好奇在治疗医师的面具下藏着怎样的一张脸；另一方面，我又庆幸自己什么也不知道。否则我可能会下意识地避免一些话题，而卖弄另一些，我还会注意到某些信号，考虑到周围的环境。虽然治疗例外地只围绕着我进行，但是其他人仍能从中获益，因为每周一小时奢侈的单独谈话也带来了可喜的变化，那就是我很少让朋友负担我混乱的情绪。我的问题可以留到每周一的傍晚去解决。对于倾听我的人，我没有亏欠，因为他还能拿到钱。

在戈尔德贝格医生提了很多问题，并向我解释了治疗方法之后，他在茶几上放了一张白纸和一些彩色铅笔，然后让我画一棵树。他没有透露这个练习的意图，但我知道，之后他会分析这幅画。他很懂我——我喜欢快点得到结果，做心理测试也是。我画了粗壮的树根、一个树洞和茂盛的树冠，上面对称地挂着八对樱桃，此外我还勾画了一片草地。戈尔德贝格医生边品鉴我的作品边解释道，这棵树象征着我的性格。他很高兴我画了能看见的树根——"这是个好兆头！尽管身处逆境，您还是能脚踏实地。"许多樱桃也有了好的寓意……他没有接着分析，而是把这幅画放进了我的档案里。（前段时间我们又把这幅画拿出来过，我们很惊讶，画上的草地不仅看起来像心电图，而且也像这本书的封面。）

接下来的治疗中，我没再画过画。我们谈论着所有困扰我的事，当然包括焦虑，还有我的童年、我对未来的担忧、各种人际关系问题。我逐渐惊讶地意识到，即使那些表面上看起来和焦虑没有关系的事情，也总能归因于焦虑。关于焦虑，我学到的第一个，可能同时也是最重要的教训是：它不仅仅在我正好感到焦虑的时候存在，而是各种问题都能与焦虑联系起来。

10

试着与焦虑相处

焦虑正和我在游乐场玩跷跷板。与攀岩墙(对我来说太高了)和秋千(焦虑觉得很无聊)相比,这是唯一我俩都觉得好玩的设施。

"到底是谁把你搞得一团糟?"焦虑问道,拐弯抹角不是它的风格。

"你啊。"

"怎么可能!"

它同时蹬了下双腿,跷跷板从地上翘了起来。

"为什么不可能？"

"很明显啊，当你正常的时候，我根本不在。"

"等一下，这是什么意思？"

我把身体向后倾，让跷跷板停了下来。焦虑高高在上，像牛仔端坐在马上。轻握缰绳的手法、背后的阳光、随风飘动的头发，只差一样，它还应该在嘴里嚼一根草茎。它极为懒散随意，嘴边还流露着自信的神情，这本能地引发了我的猜疑。我能相信这样的人吗？不能。

"听说过因果关系吗？"

"别卖弄自己的聪明了，我当然听说过。"

焦虑俯身向前。

"银行抢劫犯进了监狱，是警察的过错吗？"

我耸耸肩。

"是吧。"

"哈哈！"焦虑得意扬扬，"错了。是抢劫犯自己的过错。要是他没有抢银行，警察也不会逮捕他。现在让我下来，快点！"

我们继续玩跷跷板。

"真是个糟糕的例子。"

"但是很真实。"

"你是想说，是我把你叫来的？"

"可能吧，或者是其他人。"

"可以具体一点吗？"

"不能。"

"好吧。那我现在明确通知你：滚开！"

"你说什么？"

焦虑看起来非常惊讶,但是它太狡诈了,我无法相信它。

"你没听错,你可以滚了。有人叫你来,你就来了。现在请你走吧。再见!"

"这样行不通。"

"不行?为什么不行?"

"很简单啊,因为我们唇齿相依。"

"我怎么不记得我同意过这层关系。"

"不用你同意。我知道你在想什么。"

"很明显你不知道。"

"好吧,"焦虑说,"那我就给你讲讲。你看见这个跷跷板了吗?在一定程度上,它象征了你的生活。"

"我的天呐,你又要打一个牵强附会的比方吗?"

"其实很容易理解啊。有时你在上面,"它把自己弹起来,"有时在下面。"

"好的,我的小王子。"

"要是你觉得这个例子很愚蠢,那你试试自己一个人玩跷跷板吧。"

焦虑从它的座位上跳了起来,它那头一下子升到了空中,我便硬着陆到了地上。

"哎哟!"

"看到了吧?"它把那一头拉下来,又坐了上去。

"当然,不仅仅有上下、黑白、好坏之分。"焦虑一边随着跷跷板上上下下,一边竖起食指,以教训的口吻说道,"更重要的是中间的过渡。"

"是什么意思呢?"

"去到那儿的路。你向下的时候,也在把我往上抬。懂了吗?"

"难道不是,我在上面的时候,你把我往下拉吗?"

"哼,那是先有鸡,还是先有蛋呢?真无聊。可以肯定的是,我俩相互应和,此起彼落。你想一想吧。"

我们沉默地玩了一会儿跷跷板。

"可能你是对的吧。"我说,"但你总是讲得这么烦琐,啰里啰唆,非常讨厌。"

"这就是我啊。"说完,焦虑哼起了"I am what I am"(我就是我)这首歌的前奏,"我总不能把所有的知识都奉送给你吧,那太无聊了,那样的话,你就什么也不用做了。"

"天呐,那样的话也太好了吧。"

"顺便问一下,我们待会儿吃什么?"

"面包店今天有长条面包。"

焦虑盯着我。

"你没在开玩笑吧。"

"我不知道你在说什么。我们走吧。"

焦虑跟在我身后,我听到它嘴里嘟哝着:"我才不喜欢吃面包,我要吃薯条。"

11

再次求诊治疗

我正看到凯莉①心烦意乱地坐在出租车内,去找大先生,这时有人碰了碰我的肩膀。我懒洋洋地躺在柔软的治疗椅上,脚朝上,头朝下。在我同学和我说,他看牙医时可以戴着3D虚拟现实眼镜看电视剧之后,我立马预约了这位医生。可以看《欲望都市》,而不用看着钻头、吸唾器和注射器,这听起来非常诱人。自那之后,我就喜欢上了看牙医。但是现在在赫尔佐格医生这里看牙……我就很不情愿地摘下了眼镜和耳塞。

"您看这儿,"赫尔佐格医生边说边用她那完美的手指把一个小镜子塞进了我的嘴里,"门牙边缘这块,看到

---

① 凯莉(Carrie)和大先生(Mr. Big)均为美国电视剧《欲望都市》(*Sex and the City*)中的角色。——译者注

了吗?"

我从特写画面中观察着我的牙齿和颤抖的软腭,这时凯莉已经变得更漂亮了。

"没看到啊。"

"这儿能看到一处很明显的磨损。"

"说明什么呢?"

"您经常磨牙。"

"我居然不知道!"

赫尔佐格医生将她完美的嘴唇弯成一个完美的微笑,露出了她完美洁白的牙齿。在我的推荐下,我的同事延斯也成了她的顾客,他说就连她的胸也是完美的。当她在他嘴里鼓捣时,她常常故意把胸部压在他的脸上。

"不一定。"赫尔佐格医生解释道,"多数人会在晚上磨牙,还没有人注意到你磨牙吗?"

通常我才是那个因为旁边的人打鼾或是磨牙而无法入眠的人。

"那该怎么办呢？"

"我们先印一个牙模，然后制作成牙垫，以后您晚上睡觉时就戴上。"

"等下，每天晚上都要戴吗？"

"是的，一定要戴。"

我惊恐地回忆起多年来与牙套的斗争，以及终于卸下它们之后如释重负的感觉，那已经是六年前的事情了。

"戴上后我就不会磨牙了吗？"

"不是，戴牙垫只是为了防止牙釉质磨损。"

"哦，明白了。那么我们怎么做呢？"

赫尔佐格医生将一团粉色的物质涂抹成马蹄状，然后镶嵌到我的嘴里,我有种窒息的感觉。

"深呼吸。我给您开个理疗的方子。您平常运动吗?没有?多运动有好处。我推荐您做一些自我放松的运动,磨牙的原因通常是压力太大。"

压力?

"不可能。我是学生,又不是董事会主席。诚然有时我会有学习压力,可总的来说我还是相当轻松的,我很享受生活。"我本想说出来,但因为我的嘴里塞满了东西,无法说话,我只能发出"嗯嗯"的声音。

回到家我打开电脑。除了心理原因,磨牙肯定还有其他原因,我一定要找出来!三刻钟后,我知道了,每五个人中就有一人磨牙,而咀嚼肌,也就是人身体中最强劲的肌肉,能在夜晚磨牙时产生100千克的咬合力。我在谷歌上搜索了一下"100千克",找到了一篇关于动物园里新出生了一头大象的文章。我竟然能在晚上举起大象宝宝,而我根本不做运动。有那么短暂的一瞬间,我觉得自己相当强大。随后我也明白了,正因如此,我每天早上才会疲惫不堪。别人都是精神抖擞地醒来,在一天中逐渐耗尽精力,而我正好相反。

我起床时浑身乏力,关节咔咔作响,头也动弹不得。到了傍晚,我终于破茧成蝶,展开了顺滑轻盈的翅膀。当其他人筋疲力尽的时候,我才真正精神起来。

磨牙有哪些后果,谷歌当然也知道:牙痛、颌关节受损、肌肉过度紧张、头痛、耳鸣。所以我的左耳才会听到嗡嗡声。至少如果我们排除身体原因来看,比如牙齿填充物过高、牙齿畸形错误或颌关节疾病,医生说磨牙是由于压力是真的。

牙垫躺在电脑旁边微笑,塑料感很强。我用手指弹了一下,它从桌面上飞过,掉到了地上。接着,我在谷歌上搜索"牙垫的材质环保吗?"

第二天早上醒来后,我的嘴里有股塑料味。我很想把牙垫直接扔到开水里消毒,可是我不能这样做。我一边用自来水冲洗它,一边望向镜子,露出牙齿。我觉得,我的牙齿过了一晚上有些松动了。我试着抓住左边的门牙,来回晃动,却无法确定是牙齿真的松动了,还是我的幻觉。

上课时,我的肚子咕咕叫得很大声,坐我旁边的西蒙妮吓了一跳。

"孩子，你又没吃早饭吗？"她边说边递给我她的面包，"拿着。"

"我不敢吃。"

"别担心，没有夹香肠。"

"不是，我的牙齿好像要掉了。"

"为什么？"

"我的牙医昨天给我做了一副磨牙垫。"

"欢迎加入磨牙垫俱乐部，我已经用了好几年了。"

"啊，真的吗？"

尼娜听到了我们的谈话，她转过来，点点头说："我也是。"

"你们在说什么？"坐在左边的亚娜问。

"磨牙。"西蒙妮说。

"哦,天呐。"亚娜说,"我已经咬坏两副牙垫了。"

"我甚至往咀嚼肌里注射了肉毒杆菌,"尼娜说,"然而并没有什么用。"

这一天结束的时候,我知道了,原来不光西蒙妮、尼娜、亚娜磨牙,爱美莉、马丁、克拉拉、伊内斯、弗洛里安他们也都磨牙。

到底怎么了?我们才都二十出头,怎么已经有这么大的压力了?

八年过去了,用掉了六副牙垫后,我坐在戈尔德贝格医生旁边,向他抱怨,每当我忙得不可开交的时候,所有的朋友就同时联系我,要和我约时间见面。

"有时电话响起,我看到屏幕上显示的是亨利,我的心都会咯噔一下。"

"您也可以干脆不接电话。"

"那他也会用短信或者脸书给我发消息,要是我不回,他会担心的。"

"那您就直接说：'现在不行，等我有空我再联系你。'"

"那样他会觉得自己受到了侮辱。"

"谁说的？"

"……我。"

"啊哈，所以您认为，您的朋友不能体谅您没有时间？"

"当然会，似乎已经体谅了。"

"如果您简单回复一下，告诉他们，您现在没有时间，这要花多少时间？"

"最多两分钟吧。"

"那如果您不接电话，还要担心亨利可能受到了侮辱，这得花多少时间?"

"我明白了。"

戈尔德贝格医生咧嘴一笑,双臂交叉放于胸前。

"拥有这么多想与你见面的朋友,非常麻烦,是吗?"

"也谈不上麻烦吧。"

"言外之意呢?"

"还是会让我有些压力。"

"正是如此,因为您把这种情况视为了一种压力。"说完,戈尔德贝格医生注视着我,每每他等我开窍的时候,他就这样看着我,眼神中透着一丝期待的喜悦与满足感。

我不仅开了窍,还灵光乍现。我终于明白了赫尔佐格医生当初所说的话。我只希望,她能够像她的工作作风那样精确地表达自己的想法。她认为我有压力,而我断然否认,实际上,这种压力与满满的日程安排无关。

这关乎我的生活态度，关乎我如何处理精神负担，不管这些负担是否能被客观地证实。

我们不一定要成为董事会主席，在度假的时候阅读邮件，来让自己有压力。有的人只有在日程表安排得满满当当的时候才会活力十足；而另一些人光想想自己的待办事项就已经受不了了。我属于第二种。

压力不是对每个人价值都相同的货币，它无法用一种统一的客观标准来衡量。如同时下流行的 DIY（Do it yourself），压力也是个人的事，是自己造成的——就像你编织你自己的头带，打造你自己的植物园，用画笔描绘你自己的内心世界。

压力并非源自于满足周围人向你提出的要求，这些要求是你自己提出来的。

12

喉咙里的乒乓球

大约是首次治疗前一年的某天清晨,醒来之后,我觉得自己吞了一颗乒乓球。站在镜子前,我虽然看不到任何变化,却能清晰地察觉到它的存在。它就在我的喉咙口,压迫着我的气管。我快速过了一遍所有我能想到的相关病症——扁桃体炎、甲状腺炎、过敏,随后我决定先静观其变。过了几天后,乒乓球依然在那儿。

耳鼻喉科的医生漫不经心地给我做检查,果断地排除了一些疾病——扁桃体炎、甲状腺炎、过敏。

"您得的是癔球症,"医生说,"不是身体上的原因。您还有其他不舒服的地方吗?"

"其他都好,除了最近几天吞咽东西时有点痛。"

"我推测可能是心理原因。"医生说道。

心理原因?也就是说,这颗乒乓球是我幻想出来的?不可能。

"如果疼痛没有好些的话,"医生说,"那我把您转到心理医生那儿去看看。喉咙里有球状物的感觉常常是焦虑症引起的。"

我把转诊证明扔在了街边的垃圾桶里。外面阳光明媚,人人脸上都挂着微笑。我有什么好焦虑的呢?

回到家,我吃了一片过敏药,第二天又吃了一片,第三天再吃一片。几周过后,乒乓球消失了。

13

焦虑引起肾上腺素上升

我站在勃兰登堡大街和康斯坦茨大街交汇处的安全岛上,身前身后各有两条车道,汽车在四车道上疾驰而过。我过马路走到一半时,信号灯突然变成了红色,所以我只能在这条柏油路上等待,一旁干枯的草茎忧伤地随风摇曳,安全岛十分狭窄,要是我晕倒了,那我有一半的身体就躺在了车道上。

要是我晕倒了。

我不知道为什么我的大脑会产生这样的念头,这纯粹是对未来的可能性进行的假设,这种可能虽然会应验,但其概率与我被雷劈中的概率不相上下。什么也不会发生。

要是我晕倒了。

太阳炙烤着我的头顶,现在是正午,刚过 12 点。我在赴约的路上。没有任何兴奋的理由。然而一旦这个念头出现了,就很难再忽略掉它。它就如同"房间里的大象①",尽管在场的所有人都试着忽略它,但它并不会消失。这头大灰象用它的长鼻子砰砰撞击着我的臀部和腿部。

要是我晕倒了。

我提醒自己回归正常,并细数了一下今天要做的事:40 度水洗衣服、买咖啡、打电话给税务顾问。然而这个念头已经占领了我的身体,它像一辆失控的汽车,司机已经无法掌控方向盘了。它造成了一系列连锁反应,迎面而来的车辆必须避让,其他车辆不得不改变行车方向。不知何时,司机又让汽车回到了正轨,或者他开着车一头撞到了墙上。

要是我晕倒了。

红灯还亮着。我来回跺脚,强忍住自己焦躁不安的情绪。一下,两下,三下。与这个念头伴随而来的是另一个念

---

① "房间里的大象"(Elephant in the room)是一个英语谚语,意指那些虽然显而易见,却被集体忽视、不做讨论的事情或问题。

头：我滞留在这里了。如果我跑起来,就会有汽车撞到我;如果我站着不动,就会晕倒,倒在马路上。逃跑的希望渺茫,因而我也不至于惹是生非或出洋相。当外部环境妨碍我的自由行动时,焦虑就出现了。

要是我……

绿灯亮了。我快步穿越马路,到了另一边。现在我不能逗留,必须大步流星地向前走,直到手脚不再发痒,直到头脑冷静下来,直到生活的齿轮再次啮合。半分钟后,一切都过去了。

为了把肾上腺素降下来,微小又勤劳的工人在我的身体内加班。他们默默无闻地劳作,努力恢复正常状态。尽管如此,气氛还是很紧张,例外变成了常规。如果再这么下去,我就会听到工人们窃窃私语,马上他们就会罢工,真的。

14

泌尿科求诊

"你知不知道,做尿道分泌物涂片检查的时候有多痛?"我们坐地铁去上班途中焦虑突然这样问我。目前为止一切安好。

"你怎么突然问这个?"我疑惑。

焦虑指着一家药厂宣传治疗膀胱炎药物的广告。

"我一点儿也不想知道!"我说。

我俩便沉默不语。我看向窗外,一片漆黑,想要忘记焦虑刚刚说的话。

"泌尿科医生……"焦虑重新提起话题。

"闭嘴!"

"……用针头然后……"

"别说了!不然我要大叫了。"

"你不敢的。"我从焦虑的口型读出它的话,此时我紧紧捂住耳朵,不听它在说什么。周围一些人已经朝我们这边看了。

"你为什么要这样?"我埋怨道。

焦虑耸耸肩。

"因为你刚刚看起来很无聊啊。"

15

治疗初见成效

治疗初见成效，我感觉好多了。惊恐发作时的感觉不再那么强烈、发作的频率也降低了，有时数周都没有发作过。然后一个小小的刺激又能让我不想再出门。当女性朋友和我讲述上环的痛苦时，我不禁想象我就躺在手术台上。如果俱乐部前排队的地方过于狭窄，我就会幻想人群从我身上踏过。最糟糕的是在地铁里，然而我每天都要乘坐地铁。

我挤在听歌、读书、聊天的人群中。围绕在我身边的人越多，我便越感到孤独，这是典型的大都市现象。兴许正因如此，我的大脑才会在意识中点燃那些想象与画面，有时是随意的，有时是被一则广告或者一本书的标题等东西触发的：为病人开膛破肚的医生、悬崖上的蹦极、踩踏倒地者头部的男人……我的下巴在抽搐。

亚历山大广场站到了，门开了，更多的人涌进地铁。语音提示"请勿再上车"响起了，也就是说，接下来的两分钟我无法逃跑，无法逃避脑海中的画面，这些画面导致我的身体以为我处于危险之中。修道院大街到了。我把因出冷汗而潮湿的手在裤子上擦干，用双手给脖子降降温。我的耳朵发出嗡嗡响，我漂浮起来。别人都在看我，是吗？

还有一站，我就到了施普雷河的另一边。在那儿下车后，我就可以走路了。我掐了一下自己的胳膊，好让自己感觉到我还在那里。勃兰登堡博物馆到了。地铁逐渐减速，直至停下。我跌跌撞撞地下车，盲目地朝出口方向走去，走啊走，走啊走，直到低像素的世界又成了一幅平滑的画卷。

我又迟到了，和昨天、前天、大前天一样。尽管如此，我还是不早些出发，并不是因为我懒，而是因为我不想给焦虑留下空当。我不邀请它，它也会来；我料到它会来，它就肯定会出现。所以我最好还是装傻。

每一天我都希望自己可以准时、轻松地从一个地方到另一个地方。有时我能成功，但多数时候都不可以。

有次我在车上给母亲打电话，向她抱怨我的痛苦。我说,我生我自己的气,我从来都无法完成对别人来说易如反掌的事情。

"孩子,不要对自己那么严格!"母亲说,"要是一个小孩儿焦虑不安,你会对他一直说'你要振作起来'吗?"

"不会。"

"那说什么呢?"

"我会说'你想下车吗?不要紧的,这种情况在每个人身上都会发生'。然后我会给他买一根冰棍。"

"同样的道理啊,相信你自己,给自己也买根冰棍吧。"

"这是打个比方吗?"

"对自己更好一点,就像你对待小孩子那样。"

"但我是成年人了!"

"那就当你自己既是大人又是孩子。下次你焦虑的时候，就问问自己内心的孩子他需要什么，好好安慰他，对他好。"

"那我得一人分饰多角？"

"你知道我什么意思。"

"好的，妈妈。"

母亲说得对。我越回味那番话，就越明白一个事实——我内心的孩子活得不易。我作为一个严厉、苛求、粗暴、爱挑毛病、力求完美的母亲，经常对他说一些"振作起来！""别这副傻样！""你到底怎么回事？""你一定要这样吗？""你让我出尽洋相。""你能不能像其他人一样正常一点？"之类的话。这样的孩子会成为什么样的人？有那么一瞬间我想打电话给青少年保护局，检举我自己，但随后我决定再观望一下情况，从中斡旋。现在我一人分饰三角——母亲，孩子，良师益友。悬而未决的问题是，我为什么要对自己如此冷酷无情，我从来不会对他人这样。

16

梦见我会飞

我梦见我会飞。

梦里不知道是谁过生日,所有人都在跳舞。我在空中舞蹈,肩膀、手臂、腿好似游泳那样不断变换着节拍。

以前我也经常梦见自己在飞,不过都是贴近地面的。这次不一样,我一直飞到离天花板很近的地方,躺在那儿。我隐隐担心自己会摔下来,后来想通了:会飞的人根本不会跌落。

最后梦醒了,我还是要去上班。

17

与尤里安出游

圣诞节刚过，法兰克福机场航站楼的落地窗后，飞机以每分钟一班的速度起降，并吞吐着乘客，机翼在阳光下闪闪发光，儿童将鼻子贴在玻璃上蹭出轨迹。此刻，我正在回顾我的人生。因为有一点是确定的，我的生命会在接下来的四个半小时之后走到终点。

尤里安和我飞往兰萨罗特岛。这是我俩首次一起出游，也是我人生中第五次坐飞机。第一次不作数（谁要是认为阿尔卑斯山上的雪像绵白糖，那他可能对这个世界还没有更进一步的认识）。第二次乘飞机是在我18岁那年，在伊维萨岛，和丽莎一起。我还清晰地记得我当时多么激动。经过了漫长的等待，飞机终于在跑道上发出了响声，发动机启动了，飞机越来越快，越来越快，随后腾空而起，哦，天呐，起飞了！我看向窗外，房屋越来越小。当时我觉得，这太疯狂了。人们应该待在属于他们的地方——地上。

后来，我的朋友们坐飞机去过美国或者阿根廷，而我只敢坐火车去意大利或者开车去法国。在我拿到驾照之后，我觉得自己是不可战胜的。终于可以离开这座小城市了，我在高速公路匝道上加大油门，在麦当劳点一份薯条，钥匙就放在桌上托盘旁边显眼的地方。我常常加足马力，开得很快，或许是因为太无聊，或许是因为高兴得忘乎所以。我的良知有两面后视镜，我降下车窗，单曲循环 Massive Töne 乐队的歌。歌里唱道："兜着风的我们是最酷的。"下雨的夜晚，我开着大灯，把车加速到 180 公里每小时，自在地疾驰在高速公路上。

冬天，我对结冰路滑的警告视而不见，像以往一样，快速通过弯道。结果我滑到了反向车道上，我向右猛打方向盘，一脚刹车踩到底，悲剧发生了。幸好没有太大的影响，只是汽车撞坏了，轮胎爆裂，传动装置损坏。我把车留在了原地，打电话叫朋友来接我回家。我的母亲大喊大叫，父亲又开车把我带回了事故发生的地点，然后我学会了怎么换轮胎。我依然开车，只是更谨慎了。

一年后,我们去拜访祖母。高速公路畅通无阻,我驾驶汽车笔直前行,用余光看到路边的指示标志以两秒钟一个的速度一闪而过。我想起小的时候,有一次我懒洋洋地躺在后排座椅上,当车经过两个护栏中间的空隙时,我会紧紧握住自己的脚趾头,像是在玩"不要踩地面的缝隙"这个游戏。有节奏闪现的指示标志、千篇一律的风景、抽象的速度、从我们身边呼啸而过的车辆,这一切都有催眠的效果。突然,我非常困倦。我告诉自己,不能睡觉,这一切很快就会过去。以这个速度开车,一个小小的错误,一个短暂的分心,都会酿成巨大的后果。

肾上腺素如同追尾一样击中我。我的双手开始麻木,变得冰凉,双脚发痒,头脑全速运转。我听到父母的声音从远处传来:"你还好吗?"不,我不好。

父亲说:"靠边停车。"

我们在应急车道上下车交换了位置。这一刻,我开始怀疑我信任已久的驾驶能力。多年来,我一直高估了自己,现在我重重地摔倒在事实的地面上,我对以前自己轻率的行为感到惊讶。我认识到自己实际上无法掌控这辆车,也无法掌控我的身体。如果我继续驾驶,不仅会让自己和同车的人,也会让道路上遇到的其他所有人身陷危险。这个责任于我而言突然像是一个重担,我绝对无法承担。

我再没有在高速公路上开过车。不知何时起,我也只坐在副驾驶的座位上了。当有人问起,我便回答:"我有点生疏了。"在一个公共交通发达且停车位紧张的大城市,谁还需要一辆车呢?

阿图尔觉得没问题。一方面,他也喜欢自己开车;另一方面,他不反对我开出的条件:只去不乘飞机也能到达的地方度假。依然有很多地方值得一去啊,比如说克罗地亚、南法、马焦雷湖等等。在我们游遍欧洲之前,我们就分手了。

然而尤里安并不打算放弃剩下的世界,他问我是不是从没想过去美洲?

"当然想去,我也可以坐轮船去啊。"

"路上就要花三周时间,假期都过去了。如果海上掀起风暴,你不怕吗?"

我得承认,乘船去美洲的计划搁浅了。其实我提出这个计划,只是想静一会儿,不去讨论我的飞行恐惧症。然而这招在尤里安身上行不通。

"既然坐一小时的飞机就能到巴黎,我肯定不会花七个小时乘轮船的。"

因为我没有想到反驳他的话,并且我也无法忍受这个胆小的自己了,所以我们现在身处机场。只是不飞往巴黎,而是去加那利群岛。既来之,则安之。

为了去到那里,我们要飞行 3000 公里的路程,穿越直布罗陀海峡,在大加那利岛中转,换乘螺旋桨飞机。尤里安相信,我们在五个小时之后就能在沙滩上把脚泡进水里。我则认为,我们马上就能在大西洋中的某处游泳了。

我提前吃了晕机药,据说这个药可以减轻恶心与紧张的感觉。可惜我没觉得它有效果。可怜的我因为出冷汗而发臭、浑身颤抖。而机场里的人都表现出一副漠不关心的态度,这让我焦虑的情况变得更糟。孩子们无拘无束,期待着假期;恋人们手挽手,喝着咖啡;男人们跷着二郎腿,在智能手机上打字,他们穿着时髦的鞋子,戴着大手表,他们不时看一眼手表,然后叹口气。对这些人来说,目的地就是目的地,飞机只是帮助他们去那里的交通工具。而对我来说,目的地纯粹是个乌托邦。

尤里安试图让我静下心来。

"数据表明,飞机的事故发生率远小于汽车。"

"对,但是发生汽车交通事故,人们至少还有生还的希望。"

"说不定会变成依赖护理的病人。我才不要。飞机出事故时,客舱内压力骤降,人会晕厥,你甚至都不知道自己死了。太完美了。"

我还是更愿意活着,然而我没有说出来。

尤里安在喝咖啡,我在机场的书店里闲逛。这里出售言情小说、畅销书、英文书、女性杂志、指导手册等书。书架上一本标题很花哨的书引起了我的注意:《每日纵横字谜》,1.9欧元,66页。用益智游戏来分散注意力,也许这本书正是我的救赎,值得一试。当我拿着这本书结账的时候,嘴里嚼口香糖的收银员正用她闲着的手在智能手机上左右滑动,此刻我觉得自己过时了。但我早在一小时前就把自尊和行李一起交了出去，所以也无所谓了。

我把书塞进包里，转身离开。

"我们得过安检了。"尤里安说。我很感谢他装作没看到我刚才买了什么。

排队的时候，我观察其他人。似乎所有人都很清楚自己要做什么，他们信心十足地值机、托运行李、过安检、登机，只有我不明白这套系统是如何运转的。于我而言，整个机场处于失控状态。我什么时候要出示什么？什么时候要在哪里？我真的带了自己的证件吗？焦虑藏在了我的手提行李箱内，就算我苦口婆心地劝告，它也不愿离开我的背包，这会带来麻烦吗？整个流程就像一场大型的考试，每一个人都受到了怀疑。为了不被安检人员盯上，我尽可能露出友好的微笑，收获的却是难以察觉到的点头示意以及严肃的目光。

我们把包放进塑料盒里，等待排在前面的旅客走过安检仪。大家一个接一个通过安检，在另一头收拾行李。轮到我了，我挺直身板，迈着坚定的步伐朝前走，双手撑开，与身体呈60度角。嗨，我身上什么都没有藏！你们看到了吗？

我完全是无辜的!

安检仪的蜂鸣伴随着红灯规律地闪烁,如同发出警告一样。大家的目光都聚焦在我身上,我吓了一跳,缩着头退后了几步,以为自己要重新过一次安检仪。但是一位矮小结实的安检员责备似的示意我到一边,用一个仪器在我的手部和腿部上下挥动。这个场景像是在看医生,只是多了围观的人,真可怕。终于,仪器在我后脑勺的位置响了起来。

"除了脑子,那儿还有什么吗?"安检员问我,她的同事们都忍不住笑了出来。我像认罪一样向她展示罪魁祸首——我的金属发夹。她疲惫地向我打了个手势,示意我可以走了。

在7号候机厅,我们通过了闸机的玻璃门,走过一段晃动的走廊,它的尽头是通往外面的楼梯,有辆摆渡车停在那里,它载着我们穿过停机坪,来到了飞机前。

准备登机了。

11排,紧邻着机翼和紧急出口。尤里安的座位靠窗,我在中间,靠过道的位置坐着一个男人。他并非我精挑细选的死亡伴侣，但是我也别无选择。

现在没有退路了。

坐在飞机里，我问自己："机舱底部到底有多薄？是由什么材料制成的？它会开裂吗？我像詹姆斯·邦德的电影里演的那样，从裂缝掉入虚空的可能性有多大？聚集冷凝水珠然后开出冰花的窗户有多厚？窗户爆裂的话会发生什么？我会被拽出舱外吗？厕所冲水的声音为什么这么大？冲水的时候会看到天空吗？为什么机翼上的补丁比八岁小孩的背带裤上的还要多？另一架飞机如此近距离地从我们身边飞过，这正常吗？这些嘈杂声代表着什么？为什么突然这么安静？发动机熄火了吗？我们正在自由落体掉落到地面吗？为什么又突然这么嘈杂？飞行员又加大油门，做最后的挣扎了吗？最重要的问题是，飞行员知道他在做什么吗？"

空姐不自然的微笑丝毫没有让我感到宽心，但这毕竟是她的工作。

到目前为止，我们依然在地面上。这半个小时我们一直在停机坪来回穿梭。每当我认为我们到了跑道上，等待飞机加速的时候，飞机就又绕一个弯。

然后我们停了下来。

"终于要起飞了!"尤里安说。

此时,我焦虑地想着各种事情:我已经很久没有联系过丽莎了。我想养一只狗。我上次练瑜伽是什么时候来着?我还不想死。

飞机抵达了起飞位置,开始滑行,引擎的轰鸣声越来越大,跑道从我们眼前一闪而过。我抓紧前排座椅,它背后的网兜放着杂志、呕吐袋和安全手册,我不敢向外瞥一眼。我看不到的都是不存在的。只要我一直想象我们在地面上,或许我就能骗过我的大脑。我心里清楚,我的行为就像用手蒙住眼睛,认为别人看不见自己。但是只要这个办法能奏效,他人的眼光对我来说无所谓。当飞机腾空时,我的胃下垂了一层,我的心掉到了裤子里。就连我的器官都想留在地面上,但是它们没有考虑到物理定律,我们还是飞起来了。

最初的半个小时里,我一直疯狂地玩填字游戏。日本锦鲤:KOI。吸气:ATMEN。告别:ADE。

尤里安以不断变小的高楼大厦为背景拍摄机翼。

拳击台：RING。随意的招呼：HI。强迫性恐惧：PHOBIE。

尤里安以机翼为背景为我俩拍了张自拍照。我看到照片里焦虑在我头上比了个兔耳朵。

经过17个乱流之后，我们现在正掠过一片云层。要是我们现在坠机，这个蓬松的棉花球应该能让我们软着陆。我成功地将云朵是由水组成的这一事实抛诸脑后。此外，它们挡住了我的视线，使我看不到飞机下边，因此我也很感激它们。焦虑的情绪似乎也没有之前那般激烈。

我感觉自己跑过了一段马拉松，身体耗尽了能量，兴奋水平也下降了。这是出于自我保护，我也很感谢这一机能。现在我甚至可以把填字游戏扔到一边，继续阅读我的小说了。

尤里安在我身边睡得像个宝宝。

如果有朋友在我家留宿的话，我就算在结实的地面上也难以入眠。睡眠中的我既敏感又无力。所以我只想独处，躲在被窝之下。在公共场合睡觉的人，打鼾、流口水、放屁，这等于全裸示人。而总有人在公众场合观察这些人的丑态。除此之外，我也不打算放弃最后一点控制权。如果我们坠机了，我想及时得知情况。一想到我睡眼惺忪地寻找救生衣，辨不清是噩梦还是现实，我就不敢入睡。我的大脑再一次与我的身体对抗。

终于，我们在大加那利岛着陆了，然后换乘了小型螺旋桨飞机，抵达了兰萨罗特岛。显然，只有我一人为此感到惊讶。

18

到达兰萨罗特岛

突然我很感谢尤里安的坚持。如果他当时没有劝我上飞机,那我现在只能在家看着谷歌街景,用鼠标在屏幕上划拉。而现在我们拖着箱子来到户外,玻璃门无声地滑向两边,我感受着和煦的风,呼吸着新鲜的空气。街对面的仙人掌挺拔地站立,像欢迎队列。我们真的来到了这儿了!

等待租车的队伍稀稀疏疏。尤里安去买水的空当,我站在两个退休老人和一个年轻人后面。在兰萨罗特岛上有许多租车服务,可只有一家网上对其服务质量的评价较高。拥有9.5星好评和2476条评论。我们旅行前已经预定了车辆,现在只需要办理一些材料。我们是完美的游客,完美的德国游客。

"你好!"一个男人用西班牙语招呼我,"请到我这里来。"

另一个工作人员从柜台后面露出头,示意我过去。我环顾四周,确认他是在向我招手,而不是我前面的人。于是我又打起精神,脸上挂着最富感染力的微笑,穿过队伍走向他。

"您好。"我用西班牙语说,"我的朋友……他……"

"英国人?"他用英语问我,他的姓名牌上写着"赫克托"。

"德国人。"我感激地说,"我正在等我的男朋友,材料在他手里。"

"嗨。"这时尤里安刚巧回来,放了一瓶水在柜台上。他一边从背包里掏文件,一边和突然醒神的赫克托说话。我发现我的体温也在恢复正常,旅行的热忱自落地起已经降温,直到现在我才完全冷静下来。很快我们就要坐上租来的车,未来十二天的旅程都会有它相伴。除了看地图、调电台,其他什么我都不必做。

"请出示您的驾照。"赫克托说。

"好的。"尤里安摸了摸裤袋拿出钱包。他打开卡位翻找起来:信用卡、身份证、半价火车票优惠卡。赫克托这时在电脑上点开了一个新窗口,这个窗口与租车毫无关系。

"等等。"尤里安说,他又打开一层,但这层里只有钞票。

"怎么了?"我不安地问。

尤里安把钱包里的东西一股脑儿地倒出来,所有卡片散落在柜台上。

"我想我是忘了带驾照。"

"你在跟我开玩笑吧?"

"没有。"接着,他对满脸狐疑的赫克托解释:"我忘带驾照了。"

"没关系。"赫克托说,"这位女士的驾照也可以。"

"对不起,看来只能你开车了。"尤里安耸了耸肩膀对我说。

我仿佛听到我的驾照正躺在家中书桌抽屉里放声大笑。几年来无人问津的东西,想不到今天重新派上了用场。我只好对尤里安和赫克托说,我的驾照在家里。

"好吧。"尤里安说,然后又问赫克托:"我们现在能怎么办?"

"必须得有驾照复印件。"赫克托说,"等拿来了再说吧。"

我们订的房间在岛的北边,乘公交车要45分钟,因为要途经所有种着棕榈树的村庄。我们一路可见许多风景:白色的、方方正正的房子配上绿色的防风百叶窗;土场上到处可见黑色的岩石,就好像粗心的巨人玩石块后不想把它们再堆放整齐;多年未喷出岩浆的死火山;最后是海,像一条散发微光的丝带,昭示着地平线。窗户后面的主色调是灰色、棕色、米色、白色和绿色,街边橙色的垃圾桶显得格格不入。天上的云朵野心勃勃地编排着舞蹈。

在公交车站，我们看了眼发车表就立马垂头丧气。公交车每天三趟，周末的时候只有两趟。显而易见，不能自驾的十多天将丧失乐趣。去公寓的路上，我们遇到了一个老头和四只小猫，他们都忽视了我们。卧室里有一个圆窗，可以看到海景，露台上种着粉色的叶子花。我们决定去海边走走，可走到一半就放弃了，因为路上的熔岩石阻断了我们的去路，也许是贪玩又不爱收拾的巨人干的。尽管小村庄风景如画，我们还是感觉被困在了这里。

第二天我们想要弄到尤里安驾照的公证副本，但柏林当局对我们的旅行实在是不屑一顾。在电话和邮件轰炸之后，柏林当局提出：让有我家钥匙的亨利进我家先扫描我的驾照，通过邮件把它发给我父亲，我父亲拿着它去公证，再以电子邮件的形式发给我们。最后我们找到一个文印店打印了这个根本不知道存不存在的副本。可真"简单"啊。我们无所事事地待在露台度过了一天后，我就拿到了我驾照的副本。

"你真帮我们大忙了。"我在电话里对爸爸说，这已是我和他第七次通话，他却只是苦笑。

然而可以确定的是，我来开车。距离上一次开车已经过去五年了,在陌生的国家开一辆陌生的车。

"油门在哪?"

"你不是开玩笑的吧?"

我们租来的灰色欧宝科萨停在机场前的停车场。我花了十分钟调节座椅位置,既得视野开阔又要踩得到油门、刹车还有……啊对,那个叫离合器。我大脑一片空白,不是因为度假放松,而是一种彻底放空的状态,我不停地流汗并不是因为车外的高温。只要我一想刹车在左边还是右边,什么时候该踩离合器,我就会更加迷茫。做事凭直觉是我成功的关键,但是开车的直觉丢失在了德国某条高速公路边的排水沟里。

尤里安在副驾驶座位上如坐针毡。

"你会开车的,对吧?"他问我。

"闭嘴。"

总之一个事实:我不信任我自己,尤里安也不信任我。

至少我们在这方面达成了一致。

两次熄火之后我终于成功让车子动起来。机场附近的街道被棕榈树环绕,动脉般错综复杂,沥青路面看起来像是被一群小孩拿粉笔袭击过似的。黄色的十字记号,白色的字母,各种指向的箭头。上空挂着巨大的黑字白牌:出发、抵达、市区。我们行驶在机场外围越来越大的弯道上,过了一个又一个的环岛。"前面双车道,我该怎么办?""并道!"尤里安大声叫喊并抓紧了门把手。终于,我们成功开上了通往阿雷西费的道路。

最糟糕的部分已经过去了。

因为这条路是笔直的,所以我现在有时间来思考,比如,马路上没有紧急停车带,万一我突然惊恐发作,需要靠边停车怎么办?我们很有可能撞在遍地都是熔岩石的路上,然后尘归尘,土归土。

还好接下来的十二天里我们并没有撞上什么东西,都顺利地到达了想游览的景点。我的驾驶技术日益精湛,甚至克服了去蒂曼法亚火山陡峭的弯路,我感觉自己重回考驾照时的情景:坡道起步,松手刹。这些动作要重复多次,因为路上尽是和我们一样的自驾游客。大约第六天还是第八天时，我不得不承认，在铺着沥青的平坦路上开车更有趣。大约第九天还是第十一天时，在环路上，尤里安再也不惊慌地大叫"小心"，而是兴奋地说"看这株仙人掌"。仙人掌花园是由兰萨罗特岛的艺术家塞萨尔曼里克去世前不久建造的，而他本人死于一次车祸。

19

偶遇飓风

在返程的飞机上,我的状态非常放松,或许是因为假期,抑或是因为我吃了抗生素。倒数第二天的时候我因为泡在冷水里而得了膀胱炎,现在我懒散无力地躺在座椅上,我很高兴至少疼痛感已经减轻了。抵达法兰克福前半个小时,飞机开始颠簸。

"尊敬的旅客,"广播里传来机长的声音,"我们马上就要抵达目的地机场了。法兰克福的温度为9摄氏度,多云。因为飓风'乌莉'的影响,现在的风速达到了76公里每小时。我们马上就要降落了,请您系好安全带,飞机可能会颠簸。"

飓风?我望向尤里安,他坐在过道的另一侧,眼神里带着一丝歉意。他握住我的手。

我问他:"你早就知道了吧?"

"是的,"他说,"我今天早晨在网上看到了,但是……"

"你把我俩带向死亡,还觉得没必要通知我一下?"

我慌了神,现在我最害怕的事情发生了——我失去控制权,我无法自己做决定。我觉得自己受到了欺骗,只能任人摆布。要是我知道这事,我肯定不会上飞机。尤里安是知道的。

"我们不会死的,"他安慰我,"只是刮风而已。我没和你说,就是为了不让你担心。"

"但是现在我担心了!"

"至少你已经放松地飞行了三个半小时,"尤里安边说边露出一抹微笑,"总比你全程都焦虑要好吧。"

"我还是想自己决定我要不要死。另外,我还不想死!"

降落的过程是由乱流、狂风暴雨以及对坠机的担忧所组成的噩梦。此时也有其他的乘客面露惊恐,紧紧抓住扶手,这更加印证了我的观点——这将是我们生命中最后一趟航班。我的邻座嘴里不停地念叨:"哦,上帝啊,哦,上帝啊……"而我蜷缩在座椅上,专注于我的呼吸,在我的周围建立一个保护壳,期待它可以在跌落的时候减震。我湿冷的双手变得青一块紫一块,看起来不像是我自己的,而是长着五根弯曲手指的无生命物体,只有腕关节处脉搏的跳动清晰可见。

都说人在面对死亡的时候,他的一生会像放映电影一样快速在眼前闪现,然而这是谎言。只有那些失去的机会和未实现的梦会变得清晰可见。"我还想……""要是我……就好了""再多一点时间的话……"这些话语如同咒语一般在我的脑海中不断回荡着。然后我继续活着,将那些想做的事抛诸脑后,接着又看起了电视剧。

云雾缭绕间,灯光闪烁,有些高楼已经依稀可见。我再一次惊叹于人类的想象力与实践能力。摩天大厦、飞机、火箭，似乎这个世界属于人类，似乎人类从不会出岔子。他们的自信从何而来呢？

飞机下降得很快，我已经能看到地面了，还有几米的距离。我还在想着，事故多是发生在起飞或降落阶段。

然后真的发生了。

噪声震耳欲聋，压力将我按在座椅上，我感到我的血压在降低。我人生第一次希望自己晕倒，好不用经历即将发生的事——坠机、疼痛。我感到恶心，我左手边的女士哭了，她紧紧抓住我的手臂，其他人大声号叫。

只有尤里安在笑，笑得停不下来。

他疯了吗？我颤抖地呼吸，紧紧盯着插在扶手上的呕吐袋。云朵从左边窗户旁飘过，一切都以慢镜头的形式呈现，像是电影中的车祸，汽车撞向了一块岩石。

降落。

降落。

降落。

突然我们又垂直向上攀升了,云朵也是。

"尊敬的旅客,"广播里传来机长的声音,"非常抱歉,因为狂风,出于安全考虑,我不得不取消降落,进行复飞。很抱歉没有及时通知大家。我们现在爬升大约15分钟,然后等待信号,进行第二次降落尝试。"

复飞、降落尝试,我从未听说过这些词。

机舱内传来一阵叹息,夹杂着一半欣慰,一半震惊,只有尤里安笑容满面。

"这比坐过山车有意思多了!"他欢呼道。

怎么会有这种人?

随后,尤里安说了一句话,这句话让我摆脱了飞行恐惧症,并非直接地,而是循序渐进地,以后每一次飞行,我的恐惧都会少一点,直至完全消失。他话语中的精髓深入我的意识,那是概率与统计学都无法到达的地方,因为它们过于抽象、冰冷。

他说:"我坐了这么多次飞机,还从来没有经历过一次复飞。"

简单来说就是,因为不会变得更糟糕,所以只会更好。

20

梦中乘坐火车

梦里我们乘坐沿海行驶的火车。当我望向窗外,海水却突然消失了,变成一片荒地,陡峭得可怕。峭壁下面还有人,我想提醒他们,海水会卷土重来,可火车一直往前开。不知什么时候我们下车,看见了洛塔,她和父母坐在小房子前的花园里喝咖啡,吃点心。我对她绘声绘色地讲了海水消失的故事,她却反应冷淡,只说:"不稀奇,我们都习惯了。"我刚打算放松一下,去厨房挖块奶油吃,洛塔的妈妈就站起来:"你们还有十秒钟的决定时间,是要被水冲走还是进屋。"她边说边把盘子拿进屋。我开始不自觉地倒数,想看看还有多久会看到海水。目前海水还在慢慢摸索它的路,渗透到了地面上,这只是前兆,接下来还会有巨浪席卷和躲不过的海啸。亨利,我之前一直没注意到他,他已经惊慌失措。然后海水就来了,裹挟着我们,举起至60米,高过礁石，又坠入深渊。最后我们着陆在沙滩上，毫发无损，周围都是愉快戏水的人。

21

朗读会不再怯场

一年半后,我的第一本书出版了。一个要好的同事问我,什么时候举办朗读会。我说,不会有的,我怯场。那时只有最亲密的朋友知道我的焦虑症。那位同事说,其他人会替我分担的,包括他自己。看来朗读会非办不可了。那一天很快就到了,其他五位同事也有兴趣参与。

朗读会那晚,我已经许久没有体会过如此紧张不安的感觉了。其他人朗读我写的故事,而我则躲在廊台上,徒劳地尝试平复心情。激动的心情并未随着朗读会的进行而逐渐平息,它似乎卡在了我的喉咙里,因为我没有将它赶走。最后我被唤到了舞台上,看着观众们迷茫的脸庞,我结结巴巴地作了即兴发言。他们的头顶上悬挂着一个无人回答的问题:为什么这个作者不亲自朗读呢?

一位朋友的熟人，我之前从未见过，他在结束后来找我，对我说："下一次你得自己朗读。"他说得对。他是学习表演的，向我推荐了他的老师，我记下了名字，然后我们就去庆祝了。回到家之后，我号啕大哭。

几周后，我第一次去拜会卡琳娜。她住在夏洛腾堡区一栋宽敞的旧宅子里，这很符合她表演老师的身份。走廊里，迎接我的是由茶盒堆砌而成的塔，以及装满热水的暖壶，阳光在人字形花纹的地板上翩翩起舞。我们相对而坐，喝着柠檬姜茶，我很快就被她的优雅端庄惊艳到了。卡琳娜身着一袭多彩的波浪长裙，她有一头金发，眼睛如鹰隼般炯炯有神。似乎没有什么能够撼动她。我心想，这很好，我应该向她学学。

她很好奇，我激动的情绪是如何表现出来的，说罢还拿出了一支笔。我说，我会想死。"这么严重吗？"她瞪大了双眼。"是的。"我避开了"焦虑症"这个词，只说我担心自己在舞台上晕倒。"心悸、眩晕、口干舌燥、双手发痒——这些都是晕厥的前兆，不是吗？"

"不可能，"卡琳娜说，"只不过是你身体里的肾上腺素太多了。"

有时，我怀疑这种说法的正确性。我经常看到一些案例，有人因为过于激动而丧失了意识。但是现在，这正是我想听到的——你不会晕倒的，就算情况类似，也只是怯场罢了。这样的说法我还能接受。

然而，激动不安的情绪还是很讨人厌，尤其是当它不仅造成了双手颤抖，还让人说话也磕磕巴巴的时候。所以卡琳娜推荐我事先喝几毫升修女牌蜂花精。它由13种药草制成，有安神的功效。"喝了之后，说话会变得口齿清晰。"

蜂花精的功效我早就有所耳闻。丽莎的母亲曾在我们出发去伊维萨岛之前在行李箱里塞了一瓶。"以防万一。"然而她忘记提醒我们，这种酒精浓度高达79%的药剂需要用水稀释才能喝。或许，正因如此，那天晚上我们才会如此愉快。

我的首场朗读会是在我长大的地方举办的，我认为这是主场作战。卡琳娜却觉得这种情况更加艰难。"有可能一个脾气暴躁的男人坐在第一排，而他因为更想看场球赛表现出生气的举动。如果你被他惹恼了，那你就输了。"

为了与听众建立联系，同时又保持必要的距离，我应该想象一个平躺的数字"8",它将我与听众框了起来。我在脑海中沿着这个"8"走,很快就头晕了。

提前参观一下场地,也是非常重要的。我应该去感受它,为自己寻找庇护,与听众保持距离,熟悉环境。为了试验一下,我在房间里走来走去,瞥一眼这儿,瞧一眼那儿,然后待在左侧的角落里。

"为什么是那里?"卡琳娜问。

"那里让我感觉很好。"

卡琳娜点了点头。

下一个要点——练习致辞。我出去,关上门,打开门,进来,出汗。

"大家好。"我用尖细的嗓音说,听起来就像从鸟窝里掉出来的小鸟。再来一次。我的耳朵在嗡嗡叫,我才站在一个人面前而已。

卡琳娜说:"我也很严格的。"

关门，开门，走三步，眼睛看向想象的观众，感受脚下的地。"欢迎大家，我很高兴你们今晚来到了这里。"

我边说边觉得自己的脸不受控制。"你最好正视自己的紧张，而不是极力隐藏。"卡琳娜说。

"如果你很紧张，你的观众也会感觉到紧张。这让双方都不痛快。"

我们试着说："我好紧张，这是我的第一次朗读会。"这样做有什么用呢？

"说出来，紧张不安就会减轻很多。观众也能放松自己，这对你来说也是一个积极的反馈。"

我终于开始朗读了，才读了两句话，卡琳娜就叫停了。

她说："我一句话也没听懂。"

说真的，我也是。我把注意力全都放在了我的发音和狂跳不止的心脏上。

"错了，内容应该传递出来。"她说。另外，我还应该在开始读之前呼出一口气。这听起来很荒诞，但真的有效果。这一技巧能让声音听起来更加平稳、轻松。

到了朗读会那一天，我的激动不安得到了控制。我很紧张，但是我并不慌乱。开场前，我已经感受了一下整个场地，把桌子放在令我感到最舒适的地方，正对着露台的门。快开始前，我喝了一点蜂花精，然后才面对观众。我呼出一口气，看着那些熟悉的和陌生的面孔，告诫自己读慢一点。我开始朗读时，观众竟然被吸引住，他们在该笑的地方笑出了声。我感受到了意料之外的愉悦。

结束之后，我非常兴奋，内啡肽带来的愉悦感持续了好几天。一周内，一切又一如既往。但是，既然热恋的快感都无法永恒，为何此处要例外呢？

22

生日回顾往事

生日那天,我回顾了往事,明确了一个事实:今年的我比去年更精明,去年的我比前年更精明,所以相比明年的我而言,现在的我是极其愚蠢的。这一想法多多少少让我欣慰,它分担了我当下的困难。

我把这个想法告诉了焦虑。

"说得对。"它打了个响指,叫来酒保,这个动作它一直运用自如。

"一杯伏特加马提尼,加点橄榄。谢谢。"

酒保的眼睛睁得像只幼犬,他问:"橄榄?"

几乎没人察觉焦虑嘴角的微笑。

"在里面加少量橄榄汁。"

当酒保往调酒器里放冰块的时候,焦虑转向我说:"这是我送给你的生日礼物。"说着递给我一个袋子,上面印着著名连锁药店的标志。我解开包装丝带,拿出里面的东西。

"抗皱霜?谢谢。"

"可能对你有用。"焦虑用怀疑的眼神注视着我,正如酒保把伏特加、苦艾酒和橄榄汁倒进搅拌器里。

"当然。"我说,"但你知道吗?我的皮肤只是最不起眼的问题。"

"你这样想?"

"当我躺在临终床上回顾我的一生时,肯定不会去数我的皱纹的。"

"天真烂漫。"焦虑说,"临终床,嗯哼?说不定你是被汽车压死的。"

"好吧。"我说,"这倒是无法预料。"

酒保给焦虑递上它的伏特加马提尼,它呷了一口就变脸了。

"给你一个小建议。"它身体前倾,"下次用一半橄榄汁就够了。"然后又提高音量,让在场的每个人都听到:"橄榄也不新鲜。"

"有什么问题吗?"之前在擦玻璃的另一个酒保充满威胁意味地站在焦虑面前。

"啊呀。"焦虑说,"没有搅拌均匀嘛。"

"那么下次就点你喝得惯的。"

焦虑开口想回击他,却什么也没说,然后拉着我离开了吧台。

"厚颜无耻!"

"我没想到你也有哑口无言的时候。"我说。

"我是因为不想把局面弄得剑拔弩张。"

焦虑撒谎的时候，它的脖子会红。

我们找了一个空桌子坐了下来。

"好了，关于临终床。"我说，"我只是不希望躺在那儿追溯过去，然后细数我都错过了什么。"

"能不能别再说跟死亡有关的事了？听起来怪瘆人的。"

"生日和新年之夜当然是回顾总结的最好时机，其他时候大家都……"

"啊啊啊。"焦虑大叫起来，"我不听我不听！"

我边叹气边去吧台点了两杯烧酒，斜着眼看到焦虑把自己的关节捏得咯吱作响。

"你好点儿了吗?"我回到桌边。

"抱歉。"焦虑说,"我还不能适应这个话题。"

"当然,给你喝的。"

我们碰杯。

"无论如何,我很高兴看到你这几年越来越理性了。"焦虑说,"但眼下我还没完全失败。"

"别担心,你当然没有。"

我们陷入短暂的沉默。

"在青春期的时候,我原以为,自己知道事情会怎样发展。"

"什么事情?"焦虑问。

"生活。"

"你那时候还不懂事。"

"有的人可能都挺不过那段时间。"我说,"但青春期还是很美好,无忧无虑的。"

"那时你可让自己出尽了洋相。"焦虑说,"难道你忘了吗?"

"没错。但那时的我不在乎,这才是美好之处。"

"我不这么认为。"焦虑说,"我要做的就是维护你的名声。"

"我能得到什么呢?现在我成年了,必须时刻控制自己,注意自己的言行举止,给他人留下好印象。如果没做到,就会自食恶果。有时,我看到小孩子发脾气,在地上打滚、尖叫,把周围人弄得心烦意乱,我却只能冷眼旁观。他们的感受直接表现在行为上,我真有点儿羡慕。如果人长大了,就失去了这一特权,真可惜。不知道为什么,现在的一切都令人疲惫。"

"是呀。"焦虑说,"要想成功就得不辞辛劳,这是佛教箴言。"

"首先,这不是佛教箴言。"我反驳道,"其次,人也可以不劳而获!"

"那就不是真正的成功,是'运气'或者'天赋'。这两个词和'懒惰'是一对。"

"但是如果它们足以带来好的结果呢?"

焦虑鄙夷地看着我。

"就凭这种观念,难怪你总是什么也做不成。"它说。

"做成什么?"我问。

焦虑摊了摊手。

"所有事,比如拥有成功的事业、修建法国南部的小房子、练成一流的弹琴技术。"

它示意我看酒吧里弹琴的乐手,他潇洒地坐在钢琴前,一只手弹奏复杂的乐曲,另一只手拿着红酒杯。

"如果再自律一点，"焦虑说，"你也可以这样。"

"不，"我说，"算了吧，我弹琴只是想找点乐子。"

"我们来这儿不是为了找乐子。"焦虑吼道，从包里抓了一把彩色纸屑扔到空中，"聚会现在开始！"

"喂！这里禁止扔彩色纸片！"酒保喊道。

"闭嘴吧。"焦虑说，它从桌子底下掏出自拍杆，拍了20张照片并全部上传到社交网站上。

"你能不能高兴点儿？"焦虑说，"这毕竟是你的生日。"

23

与父母一起旅行

和父母一起旅行的两个理由:要么尚且年幼没有别的选择,要么已经顺利地度过了青春期。而我已经成年,30岁。另外,我没有钱。

当我还是少女时,一家人每年都会去法国南部度假,终于有一天我想去新的地方领略风土人情,比如克罗地亚、伊斯坦布尔、马略卡岛,而现在我又一次坐在了车的后排,旁边放着夹着黄瓜的面包,我抻着脖子,身体前倾,透过前挡风玻璃看风景。

一切看起来和从前一样。林荫道后面单行的环岛交通,种植了棕榈树和草皮的狭长安全岛,露营广场出口处棕色的木门,炭烤披萨店前的白色塑料餐椅,布满灰尘的矮墙。空气里弥漫着石松和灰斑鸠的气味，大海在某一处闪耀。

最幸福的事莫过于带上一个帐篷、一张吊床，七分钟内到达海滩。甚至连冲洗餐具也成了趣事。就这样在户外站着，观察咖啡壶里的残渣如何在流水中迟缓地消失，连自己也觉得慵懒了起来。我们先在帐篷前的荫凉处吃了番茄沙拉、长条面包、奶酪，还喝了红酒。之后我计划拿本书去海滩，然后——谁知道呢？

很长时间以来，我第一次感觉自己不用为任何事情负责。也许是因为我对这个地方非常熟悉，就像小臂上的色斑，它早已成为我的一部分，我根本感觉不到它的存在了。但还是有些许不同的，我又成了小孩，却不必像十二岁的孩子那样早早上床睡觉，迟钝地察觉到校园里的潮流发型，自我怀疑，却无法借酒消愁，少吃冰激凌，拿到微薄的零花钱。好吧，又是关于钱……但是会好起来的。

度假期间我心知肚明，无论发生什么事，都由我的父母来处理。有些许控制欲和完美主义倾向的成年人会将烦恼和责任抛诸脑后，就像把夏日假期塞进了玻璃瓶，珍藏六周后又打开了瓶盖。我全身舒展，脑袋里的死结也解开了。几个晚上后，我不再磨牙。

两周后独自坐上飞往柏林的飞机，我觉得自己不可战胜，尤其是经历过暴风雨之后。

众所周知，如果攻击来得措手不及，人在此刻最容易受伤。这大概和某种基本的精神紧张有关，它能够起到自我防御的作用。沉睡的老鼠难逃猫爪，但我不是老鼠，我是布丁。

我回到家打开信箱，白色的信件立刻涌了出来。收到有透视口和盖着章的长信封并不是什么好事，我试着给它们讲笑话，希望它们自动消失，但是显然我们有着不同的笑点。于是我将信封静置一天。可惜就算信封没拆，看不到信件，坏消息依旧在那里。

第二天我开始处理盖着章的信，十天前，银行开始每天给我寄信，通知无法联系到我，还详细列出了哪些账单没有结清，信纸下方用墨水隐隐约约地写了一行字：三十岁，入不敷出，刚失恋，没有存款，只有亏空。

我瞬间感到恐慌。

突然我感到自己的样子荒唐可笑。难道我真的认为和父母度假两周就能够摆脱生活的严肃吗？刚晒的小麦色皮肤、新买的衣服、背包里的沙子究竟能给我带来什么？

两天来我的心脏就像壁炉一样，火烧火燎。于是我不再强撑，立即给我母亲打电话，羞耻感让我越缩越小，小到快要掉进话筒的孔隙里。然而除了汇款"在路上"以外，一切还是没有改变。这次我感到自己整个被打败了，这是糟糕的、纯粹的生存焦虑。

我没有掌握自己的生活；三十岁了我还在依赖父母；我必须改变却无力完成。此外，我的幻想也极大地破灭。这感觉就像是，一切都在重复上演，工作、私生活以及每一天都是如此。如果继续重复以前的生活，我将终年为微薄的薪水工作，参与那些可以为简历增光添彩的项目，然后死去。简单地说，我正处于这样一个节点上，我的生活不再适合我，好比一件缩水的T恤，我也不知道怎样才能脱下它。

几周里我仿佛瘫痪一般，像机器一样上班、工作，焦虑消失了，这点我根本没有察觉。

24

洗澡遭受惊吓

洗澡的时候我吓了一跳,因为我感到有人抓了我的膝盖,然而只有我一个人。

25

抑郁频繁发作

对于那些主要依靠感情来认识世界的人而言，如果感情突然消失，他们将承受不小的打击。情感的调色盘原本五颜六色，闪耀着各种色泽，鲜红色、宝蓝色、草绿色……拥有强烈的阴影与饱和度，最终却逐渐模糊起来，成为一滩棕色的液体，肮脏暗淡，千篇一律。就像盲人摸象，却禁止他们用手感知。正如人们所说的，这完全像在黑暗中摸索前进。

这束光第一次熄灭时，我正在火车上，刚度过一个愉快的周末，迎接我的是充满不确定性的未来，我习惯性地产生了怅然若失的感觉，急切地想要在这世界上寻找自己的容身之所，尽管我已经有一个了。

所有关于生活意义的问题都会让我感到绝望。要么我坚信生活是有意义的，自己却碌碌无为地活着；要么我坚信生活是没有意义的，本想随心所欲地度过每一天，却囿于日常生活的琐碎中，无法突破枷锁。

由于失眠，我几乎每天睡前都看太空纪录片：星际旅行、宇宙大爆炸、太阳系起源。那些24小时不断播送滚动新闻的电视台，总是播放希特勒或是宇宙的片子，亨利更喜欢看希特勒的纪录片，据说它有镇定安睡的作用，因为主角已经死了。而宇宙并不关心人间烟火，它不在乎道德、感情或是战争，所以说《星球大战》只是人类的发明而已，宇宙中只存在物质和能量：行星、恒星、银河系。宇宙广阔无垠，与我狭隘的、爱钻牛角尖的思想形成对比。除此之外，无可丈量的宇宙之大使我感觉渺小与超然，这是一种好的体验，与之相比，我的烦恼看起来多么可笑，我的生命多么短暂，我的存在可有可无！

过去几天我一反常态地没有进行反思，我的时间被刚结识的朋友、各种活动和情感填充得满满当当。最近我开始了一段异地恋，定期往返于柏林和汉堡之间，慢慢适应一个半生不熟的人，两个礼拜见一次，然后一起度过一段时间。两个城市，两个住所，两张床里仿佛宇宙大爆炸一般产生了一种关系，一种生活，一个宇宙，在这方天地里我无论如何都想要展现出自己最好的一面。如果他的朋友不喜欢我呢？他会讨厌我的某个手势吗？我什么时候才能尽情地挖鼻孔呢？

我们一起度过的周末轻松愉快，我却疲于扮演一个自认为他会喜欢的人，我把坏毛病封锁在盒子里，藏在床底下，独自一人时才重新翻出来。我想让自己完美，很久之后我才意识到这一点。

火车是加速中的中间世界，既不在此岸，又不在彼岸，在火车上，我的紧张情绪一点点地散去。路德维希卢斯特、卡尔施塔特、维滕贝格，一站又一站，放松，呼吸，加油，终于我重新找回状态，但我究竟是谁？当我在镜子前观察自己，陌生感油然而生。现在我望向窗外，外面的景色一晃而过，树木、草地、小鹿，我却没有什么新奇的感受。这种体验很新鲜。我总是会感受到些什么，高兴、愤怒、悲伤、幸运，情感对我来说并不是主动选择，而是自然而然地发生。怎么这里行不通了？我继续深挖，希望至少可以撞见一点微小的情感。仿佛有人拧紧了总水阀，既没有热水也没有凉水流出，我的内心空空如也，这是糟糕的感觉，可我什么也觉察不到。

白天我像僵尸一样在街区游荡。"我很好，你呢？""抱歉，我没有零钱。""请给我两瓶灰皮诺葡萄酒。""我是你的邻居，我有一个快递。"我平静地完成了所有要做的普通日常琐事。三十年来我总是乐观地面对生活，即使不好的事情发生，我也期待着好结果。每天晚上我期待着早起的第一根香烟，礼拜一的时候期待着周末，一月份的时候期待着春天。突然间一切都变了。我刚陷入热恋？无所谓。阳光很耀眼？管它呢。我会感觉好一点？不可能。

后者是我生活里最大的变化。通常在糟糕的日子里，我知道一切都会好起来的，只有这样我才能熬过那些日子。女人如果不知道经期很快就过去了，她也就难以熬过痛经。这次我很确定，我的状态将会一直保持。因为为了自信地看到未来，即便当下的情况难以忍受，人们也要怀揣希望。希望就是一种感觉，但我目前没有任何感觉。这是个恶性循环，就好像我拿了错误的剧本，过着错误的生活，我不真实。

后来戈尔德贝格医生告诉我这是"抑郁发作"，每隔几周就会出现。他向我解释，如果太过焦虑或自我要求太高，身体便会启动保护程序，和停电一个道理，先过热，再断电，最后漆黑一片。也可以这么说，我是一颗在超新星时期爆炸的恒星,外表一层层剥落,剩余部分不断塌陷,坍缩成一个微小的空间,形成黑洞,没有光可以逃逸,它渐渐暗淡。

26

书引发的争吵

"你在看什么?"焦虑问我。

"埃克哈特·托利(Eckhart Tolle)。"我说。

焦虑放下手中的《图片报》,眯起眼睛盯着我手中的书。

"《当下的力量》,这又是什么玄学吗?"

"随你怎么说。"我说,"我更愿意把它称为'心灵的启迪'。"

"嗯哼。"焦虑满腹狐疑,"看起来像本自助书,封面太差劲了。"

"我也这么觉得。但亨利七年前就开始向我推荐它,我再不看都说不过去,现在是时候读一读了。"

"那么埃克哈特·托利写了什么呢?"

"这个嘛,非常有趣。到 30 岁之际他一直与焦虑、抑郁相伴,某天晚上醒来,他想,'我不能再这样生活下去了。'"

"他有两个人格吗?还是怎么回事?"

"他后来也这么觉得。"

"很明显。"焦虑漠不关心地说。

"可能吧。但你猜,他由此得出了什么结论?"

"是他疯了吗?"焦虑问道。

"不是。"我停顿了一下,"因为这两个人格中只有一个是真实存在的。"

"废话。"焦虑重新拿起报纸。

"我一点儿也不奇怪你会这么想问题。"我小声嘀咕。

"你说什么?"焦虑问。

"要再来点儿咖啡吗?"为了转移话题,我大声问。

"要的。"

烧水的空当我们讨论了各自的阅读情况。

"你听这个。"我说,"托利还写到了你!"

"洗耳恭听。"焦虑表现得饶有兴趣。

"他说,每个把理智等同于自我的人都会不断地遭受焦虑。"

"这证明了,在我看来,你如此聪慧。"焦虑说。

"这不是关于智力层面的理智。"我说,"听好了,'焦虑是针对有可能发生的事,而不是已经发生的事。虽然你活在当下,但你的理智却已经到达未来。这就形成一个由焦虑和担忧填满的洞。'"

"无耻!"焦虑喊道,"托利窃取了我发明的假设游戏!"然后它抱怨:"我当时应该申请专利的,可惜太贵了。"

"好吧。"我说,"托利还写,人应该把自己从理智认同中剥离,这样才能做到茅塞顿开。"

"他还写了明天的天气如何吗?"焦虑问我,它假装挥动着魔法棒,口中念着:"噼里啪啦噼里啪啦!电闪雷鸣!"

"当心我揍你啊。"

"呃,那我倒是有点害怕。"焦虑说。

我忍俊不禁。如果焦虑也会害怕某样东西,那么世界岂不是也会遭受人间疾苦的折磨?

如果我没理解错的话,埃克哈特·托利认为不仅有"存在",还有"自我"。后者是假我,它来自对理智无意识的认同。目前为止逻辑还是通顺的。这样的话,冥想便发挥了作用,人们终于摆脱了螺旋式盘旋的思绪,或者至少尝试着这么做。托利还写了其他的。

"确切地说,不是你错误地使用了你的理智,你根本没有用过它,而是它利用了你。这是一种疾病,你把你自己等同于你的理智,多么荒唐。理智这个工具拥有了支配你的力量。"

我开始冒汗,望向焦虑。它倒了半包糖进咖啡,用小勺不断地搅拌着。我很烦这个动作,这点它心知肚明。

理智这一工具拥有了支配你的力量。

糟糕,托利说得对。

"请帮我递一下奶酪。"焦虑一边看着报纸一边伸出手。我现在动弹不得,就像封锁进了玻璃罩子。

理智这一工具拥有了支配你的力量。

"喂，"工具仔细地看着我，"你还好吧？"

"当然好。"我点了点头，"怎么了吗？"

"好吧，你看起来就像见了鬼一样。"

"也许我刚刚是恍然大悟了呢？"我说。

"天哪！"焦虑说，"你一直在读这本书吗？我都不清楚它适不适合你，哪天你再冒出奇怪的想法……"

我用拳头捶着桌子，玻璃杯当当作响。

"别再搅乱我的生活！"我喊道，"你可不是我！"

我抓起那本书，起身冲出厨房。在门砰地关上之前，我听见焦虑用倔强的童声说了句话："你是个笨蛋。"

27

写于韦尼格森修道院的日记

第一天

恰逢高峰期,公交车陷在车流里,到主火车站的路漫长得像永久走不完一样,我差点没赶上去汉诺威的火车。压力让我心跳加快,我很想摆脱它。未来一周我将在修道院度过,没有手机,没有笔记本电脑,没有化妆,只有满满一箱书。减压,寻找自我,赶走抑郁。在火车上我就开始了号叫,因为我很感激,这下再也没有人找我有事了。

修道院外表看上去像一个乡村别墅,我很乐意住在这儿,上了蜡的地板,走廊里的枝状吊灯,公共厨房里的老式橱柜,花园是一片世外桃源,就算在十一月依旧美丽。地下室闻起来有苹果的芳香,就像我奶奶家一样。岁月静好,阳光洒在地板上,我一定要拍照留念,但不是今天。

中午所有新来宾学习冥想入门,用这里的话说是心灵祷告。我跪坐在小木凳上时才发现自己肢体有多僵硬,我无法深呼吸,脖子、脚、尾骨,浑身咯吱作响,我最近都忽视了我的身体。冥想室前陈列着一座精致的圣母玛利亚雕像,地上铺着粉色的花,我差点儿又哭了,真是太美了。我快速回到房间,像石头一样沉沉地睡了一个小时。

晚上七点半,冥想室里人们围成大圆圈,唱着泰泽圣歌,周围还摆着锣和蜡烛。天呐,一个小时这么漫长又这么短暂。因为把手表落在柏林,我随身只带了一个闹钟,秒针不停地走。时间的的确确也在流逝,但没有发出这么急促的断奏。我时不时有听到手机铃声响起的错觉。

第二天

闹钟坏了,我睡到九点才醒,错过了冥想。今天洗漱完毕后,只有我的电动牙刷还在正常工作,假如不是这里闹鬼,就是修道院里有一股抵御一切电器的魔力。好吧,平静一下。我调高暖气温度,在窗边倒了茶,摆了水果和书。今天是崭新的一天,就好像空白的花圃,没人计划今天非要在上面种树，真是不同寻常的感觉。通常，我的手机、固定电话、门铃会不停响起，或者脸书、推特和三个邮箱此起彼伏地冒出消息。出于习惯我会不停地看表，为了确定时间在流逝，但是指针一点没动。

中午我买了一个新闹钟，然后继续睡觉，如睡美人一般。晚上六点我开始晚祷，做祷告，唱圣歌，读经文。念到"把一切放在上帝手中，信任他，他会为我们安排"，我几乎又要哭了，感激自己不用掌管一切，什么都不用操心，什么都不用做，什么都不用想，没有事情发生。长期以来，我第一次对宗教没有心怀恶意。这不是狂妄自大，认为每个人都可以信奉他愿意相信的，但是，没有但是。上帝究竟存不存在，他的存在或不存在如何影响人们的信仰，在此已经不重要了。只要有人对我说，上帝让我们看透白天，并赐予我们安静的夜晚，这就够了。没错，我被感动了，并且心怀感激。这真是全新的体验，就好像我关闭了大脑，只运用感觉。我不去思考，静静地让一切发生。

冥想的时候我也静待思想流逝，至少我尝试着这么做。这有点困难，通常我会观察它们，然后给它们腾出空间，把它们从左边转到右边，并分类整理。这样一来，在我的脑袋里就发生了太多事，我在耳朵里都能听见它们的响声。我必须忍受耳鸣的困扰，这种响声在安静的环境里更加明显。也许没那么糟糕，把它当成暖气的鸣叫就好。我的背部一直紧绷着，在这里我才第一次放松下来。床硬得像木板。我夜里磨牙，睡不踏实。但是我的脑袋里已经发生了一些改变。

晚祷后我和两位年长的太太聊天，其中一位的孩子和我一样大，她女儿不久前向她坦白自己是个酒鬼。我说："该死！"这句脏话在走廊里回响，一时间我惊恐极了，在修道院里可以讲这种话吗？"是啊，该死！"她答道。

第三天

我不敢断言冥想起了作用，我总是得推开那些安顿在我脑海中的想法，正如每天早上在家醒来我会感到精疲力竭。但冥想却是一天良好的开端，我头脑里的想法变得平静，僵硬的身体得到了舒展，虽然会痛，但是以后会好的。

之后我喝茶，吃早饭，阅读。《GEO视界》合辑有一篇名为《摆脱压力》的文章，里面讲到了疲惫、焦虑和抑郁。阅读的时候我心烦意乱，这些信息对我而言并不新奇，解决办法依旧是老生常谈的冥想、自主训练和瑜伽。而且文章读起来太过专业，我更愿意像读小说那样。

午睡过后我去洗澡，卫生间里的灯光有它的脾气，我观察着自己的身体，过去几年里我没苛求它，只期望它能正常运作，其他都是第二位，而青春期的时候，我把瘦放在第一位。我的疯魔远不止于此，每天晚上躺在床上，我幻想有一个小仙子能满足我所有期望的改变，其中一个愿望是，我希望脸上的色斑能长到别人看不见的地方，比如说脚底。多年以后我才发觉这个想法多么可笑，脚底有时候也会被人看到，为什么我不干脆许愿让所有的色斑消失？我的故事总是这么令我难堪，但也说明了我的行为方式。我甚至在梦里也会妥协。看着镜中的自己，有一点想法很明确：我想要变强。我静静地感受自己的身体，感受肌肉的运作，我决定以后定期练瑜伽。

又过了一会儿，我走出修道院，想吃甜点。在甜品店，我点了一块奶酪蛋糕和一杯卡布奇诺。座椅罩着墨绿色的天鹅绒，天花板上悬挂着看起来就像滤茶器的小灯。光临这里的顾客大多是老人，他们点一壶咖啡和超大份的蛋糕，把外衣挂在衣帽架上后，再拄着拐杖缓缓移到餐桌前。我喜欢这里的氛围，有的老人比年轻人悠闲。我斜对面坐着一位老妇人，她面前摆着两大块奶油蛋糕，她用叉子一口一口地把蛋糕送进瘦弱的身体里。"味道怎么样？"服务生问。"非常好吃。我女儿没来，所以我……"她的话只说了一半。

吃完甜点，我踏着泥泞去森林散步，边呼吸着乡村新鲜的空气，边希望附近的牛棚能够清理一下粪便。

回到修道院后，教堂里传来管风琴声。我登上廊台，音乐袭来，我忍住了泪水。水边架设着一座木板小桥。

晚上七点开始做礼拜，忏悔和祷告。我这次没坐在靠边的地方，于是，自进修道院以来我第一次感到焦虑，我得坐在这里一个小时，不能起身，不能走出去，人们会怎么想？老样子，我清楚地感受到焦虑在我肚子里蔓延，让我的腹部痉挛。我的心跳加速，双手直冒冷汗。我尝试像冥想时那样集中注意力。我的腹部是一个温暖的球，我保持笔挺的坐姿，把思想专注于自己，专注于当下，专注于牧师的话。尽管如此，焦虑还是若隐若现，期间我一度认为它也来到了现场，这让我很是害怕。就连在教堂，我都觉得身后的人正鄙夷地打量我，对我评头论足，我害怕被突袭，想要逃跑。戈尔德贝格医生经常说：您设想一下最糟糕的情况。突然昏迷，您觉得自己出尽洋相，然后呢？生活还是要继续。所有事情只在我的头脑里出现，情感上却没有。

晚上我看完了第三本书,现在该做什么呢?自我来这儿起,我第一次觉得憋得慌。我想分散自己的注意力,然而行不通。

第四天

下午两点半我去了M女士的咨询会。我说我想放弃责任,希望经济上有保障,我说我被许多事情压得喘不过气来,我不知道自己要什么,还说了自己的完美主义以及与他人的比较。"死胡同里也有出路。"M女士说,"我们要做的就是找到这条路。"她还告诉我,只要心怀感激,就能够战胜一切,战胜焦虑。但是我还是有些不知失措。

第五天

每天凌晨三点一刻我都会醒来,我得上网查查这意味着什么。我梦到武器,梦到自己坐着地铁穿过柏林的夜晚,梦到疲惫的人们,其中一人无法忍受其余两人在舍恩贝格的街道上演奏美妙的音乐,于是把自己该死的收音机开到最大声。早晨冥想时我意识到,负面情绪直接影响着呼吸。我提醒自己,在家时注意自己的腹部是不是长时间地出于紧绷状态。晚祷的时候,我无法投入于祷告和圣歌,对宗教的反感再一次出现了。我的心脏怦怦跳,腹部僵硬,心神不宁。还有两天我就要返回柏林,我不确定学到了什么知识,也不确定回去后能不能在日常生活中维持现有的平静。

晚上我看完了第五本书——夏洛特·罗斯(Charlotte Roth)的《假如我们长生不老》。一战、二战、东德、谋杀、仇恨、残忍,我的脑袋被塞得满满的,与之相比,我的烦恼只是鸡毛蒜皮的琐事,无病呻吟,不值一提。这样的感觉很好,我给自己拟定了总体规划,任务是工作和健康,谢天谢地,所有事情井然有序,我得继续保持,关注事物积极的一面。

在某本指导书里我读到这么一句话:愿望都能成真,但有时愿望并不是愿望,而是消极的念头。我觉得这话说得很差劲。人的身体、大脑、灵魂真的笨到无法区分愿望、焦虑与烦恼吗?至少客户服务部一定不会雇用这样的员工。

第六天

午睡时我梦到自己出洋相的场景。古典音乐会上我想要提前入场,却盖不上一个巨大暖水瓶的盖子,然后从我的背包里传出了震天响的音乐声。

晚祷后我果断决定,明天一早就返回柏林。我思念我的住处,我的朋友,我的生活。

28

让座纠结

"不。"那个快三十的女士说。她看起来好像在办事处工作,涂着鲜艳的口红,裹着红色怪物图案的围巾,穿着白色的运动鞋,还时不时地看手机:"说实话我不想这样。"

这个回答就像翻腾的啤酒沫一样在比肩接踵的客流中不断上升,敲打着车窗玻璃上的巨大标语:电车电车,下雨不愁。

站在她面前的女士阴沉着脸。她刚刚挤过车厢中蜿蜒的队伍,却发现"怪物围巾"女士的手提包占着隔壁的座位,于是她小心翼翼地问:"我能坐在这儿吗?"

然后对方说了那句：不。

山雨欲来，气氛怪怪的。

"怪物围巾"女士注意到面前的女士变了脸色，而且大家都注视着她，所以她很快补了一句："这是单人座，两个人坐一起太挤了。"

第二位女士方才舒展面容，脸上重新挂着微笑，不好意思地说："啊，原来是这样的，我没注意到。"其他乘客长舒一口气，又专注于自己的事情，我坐在旁边的四人座上，心想，我才不信她说的呢。尽管拒绝的理由听起来合情合理——这种宽敞的座椅就是为单人设计的，或者那些不介意跟对方有大腿接触的情侣也能坐，但是我们还是要忍受这种想落座的人因为被拒绝而吓一跳的尴尬时刻。这一刻真漫长。

我这才整理自己的情绪，是羡慕？是惊讶？还有一个声音在我脑袋里说："不应该这样做，太不礼貌了。"在第一轮的"假设游戏"中，我想，如果我是"怪物围巾"女士，我会怎么应对。方案一：拿好手提包，尽量靠窗坐，腾出座位；方案二：起身让座，说"我得下车了"，即使我并没有到站；方案三：委婉地拒绝："对不起，这只能坐一个人"，面带歉意，微笑表示遗憾。

我这是怎么了？

29

"界限"问题

"您还是老样子，" 戈尔德贝格医生对我说，"不过我们正好借此机会讨论一下'界限'的问题。"他跷着腿，咧嘴一笑。

戈尔德贝格医生当然知道我的弱点，但他不在我伤口上撒盐，而是同我保持适当距离，静静地等着我自己揭开伤口。这也是我认为他高明的一点。此外，他也很喜欢我比喻的说法。

说到界限，我便回忆起那些生活在龟壳之下的日子，与其他事物自动保持距离，这样的日子多么少见啊。我叹了口气。

"恐怕,我不擅长设定界限。"

"哦?何以见得?"

我们都心知肚明,这话带着讽刺。

"比如说,我最近写了一篇文章,编辑一开始认为很不错,后来她却想缩减一半内容,删掉所有笑话,这和当初说好的可不一样,我非常生气。"

"这我能理解。您后来怎么处理?"

"我想给她写一封邮件,表达我的愤怒。"

"但您没那么做。"

"没有。"

"为什么呢?"

"只要我有冲动,想写一封言辞激烈的邮件时,我就不会写任何邮件。"

"您等着怒气自己平息。"

"没错。"

"为什么呢?"

"因为我担心在那种情况下反应过激,写出以后会后悔的话。而且我也不想因此让编辑生我的气。"

"可她做了让您生气的事啊!"

"是的,不过到现在她都不知道。"

太疯狂了,我明明已经识破戈尔德贝格医生的把戏,却又自动上钩。就好像我和一个人谈话,我云里雾里,他明察秋毫,小心翼翼地引导着我——继续往右,对,接下来直走。我是《格林童话》里的格莱特,在"想法森林"里行走,他是汉赛尔,用白色小石头留下线索,到头来每次弄得像我自己找到路似的。

"我来概括一下。" 戈尔德贝格医生说,"您很生气,但不想让您的编辑知道,因为您担心她会反过来生您的气。"

"没错。"

戈尔德贝格医生的笑声听起来让我绝望。

"您为什么觉得她会生气?"他问。

"很简单,她想这样,我想那样,她肯定认为我是个古板的作者。我甚至决定给她写邮件,但第一句话就让我心跳加快,我已经想象出她被激怒、气喘吁吁的样子了。"

"有意思,我都不知道您有千里眼。"

我却笑不出来。

戈尔德贝格医生陷入沉思。

"我理解。"他说,"您不表达自己的诉求,却立马想到别人的看法,同时做了两件事。"

"也许吧。"

"您知道自己不能影响他人的感受,对吧?"

"不完全是,这得取决于我的表现。"

"可是您别忘了,任何人际关系涉及的都是双方。无论您怎么努力,也不能控制对方的反应,对方可能今天刚好过得很糟。"

"所以我会尽可能地小心。"

"您现在试着说说这封邮件怎么写。"

"呃……尊敬的史努普斯女士……"我结结巴巴。

戈尔德贝格医生点头鼓励我继续。

"尊敬的史努普斯女士,我理解您的不同意见,但最好还是……"

"不行。"

"不行?"

"不行。"

"好吧。尊敬的史努普斯女士,如果我们这样做……"

"不行,不行,绝对不行!"戈尔德贝格医生边喊边摆手,"赛柏特女士,请您试着,清楚地表达您的诉求,而不是说'最好还是''如果这样'。"

他坐在沙发上挺直了背,好像有人施了魔法似的,他友善开朗的笑容消失了,一脸严肃。

他说:"尊敬的史努普斯女士,我不同意……我不想……我认为这样不对……"

救命!

我不同意这么跟人打交道,我不想别人说我坏话,但主编无视我的底线强行改稿,我认为是不对的。

我做不到直言不讳,尤其在提出批评时。

"这样会不会太没礼貌了?"我问。

"根本不会！"戈尔德贝格医生喊道，"您又不是写：史努普斯女士，您快把我逼疯了！不是，只是明确地表述，友善但坚定。"

"但是如果我这样做……"

"您就意识到什么才是重要的，这样人们才会把您当回事儿，接着就会听您的。"

我沉默。

"或许，"我说，"编辑是对的。"

戈尔德贝格医生用手捂着头，几秒钟一动不动地保持这个姿势。

"赛柏特女士，"他再次抬起头，"我该拿您怎么办呢？"

30

继续接受治疗

后来我当然继续治疗。

渐渐地我也学会整理自己的身体反应。有一次我在地铁上突然心悸,手心发汗。我就想,好吧,惊恐再次发作。接着我就想起今晚刚参加了个派对。我所害怕的只不过是一只喵喵叫的猫罢了,它一点儿也不危险。我发觉自己总是对身体的症状做出错误判断,然后等待焦虑降临。其实这些症状背后另有原因。感到恶心?痛经而已;大汗淋漓?炎炎夏日的正常现象罢了。每一个糟糕的症状都能找到一个好的解释。

但有时一整天都是糟糕的,甚至连与好朋友在咖啡馆惬意聊天都做不到。梅尔眉眼透着凶光,这目光痛击我并且缠住我，使我不能眨眼。一瞬间我仿佛重回童年，在玩"不许笑"的游戏，但我不是那个先笑的人，而是那个率先移开目光的人。英国科学家研究表明，最佳的对视时长平均是 3.3 秒，少于一秒或超过九秒的目光接触都会让人不自在。而关于对视强度，科学家只字未提。

梅尔紧紧地盯着我，惊恐临上心头。她这是什么意思？她是在审视我的皱纹、我的表情、我的想法吗？这也正是我经常遇到的时刻——另一个人近距离打量着你。你在她心里一开始只是一张人像水彩草稿，然后在线条之上添加更多神情，最后点缀细节，立马就变成了高清漫画。嘲弄的嘴唇，胎记上长出的黑毛，也许还有齿间的菜叶。

许多有社交恐惧症的人会完全避免同他人的目光接触。我觉得这样很冷淡，但又想尽量避免被他人目光钉死。对视游戏有个好处，人们不会在意游戏本身，而是专注于对话。但这也是一个比赛，是对个人自由的进攻，转移目光就意味着认输。

我同男朋友的第一次约会，他细细凝视着我，我就吻他，因为人在接吻时眼睛是闭着的。可我不能也不想亲梅尔，那我该怎么办？我从未走出这座视觉的牢笼。我迷失在梅尔的瞳孔中，嘴巴里说着连我自己也听不清的话。只有眼睛望着梅尔的眼睛，椅子、桌子、人、盘子、咖啡杯消融在背景之中，好像水中倒映的日落，石头一击就碎了。我的身体慢慢滑向地面，最后关头我挣脱了控制，小声嘟囔了一句"抱歉"就冲向卫生间，把水龙头拧开，看着镜子上的涂鸦，既惊讶又鄙视地看着镜中的自己——"你真的没有任何问题吗，戏剧女王？"——然后我就回到了桌子前，但这次不坐在梅尔对面，而是坐在她身边。

"背对着房间感觉很傻。"我说，"而且我也想观察来来往往的人。"

梅尔怀疑地挑了挑眉。她虽不是什么心理学家，可也认识我很久了。

"又恐慌了？"她问。

我点了点头，说了过去一个月里我的进步和挫折，梅尔陷入沉思。

"没有多少人可以恰当地对待焦虑。"她说。

"但为什么焦虑一直都在呢？"我问。

"因为你只能经受它，而不是承认或接受它，下一步你必须学会爱它。"

爱上焦虑？这一定是疯了。

"这就是你的问题。"梅尔说，"焦虑是你的一部分，既然你要爱自己，那不也要爱焦虑吗？"

她说得对。但我内心深处并不把焦虑当成我的一部分，我只想摆脱它。以前想，现在想，以后也是一样。

我真的能够学会爱它吗？

31

观察思想

"你在干什么?"焦虑问我,"看空气里的孔吗?"

"我在观察我的思想。"我说。

"你是不是又读了埃克哈特·托利的书?"话里夹杂着轻蔑的弦外之音,虽然我察觉到了,但还是假装不在意,只当浮云而已。

"是呀。"我平静地回答,"托利说,人们倾听思想时,会发生两件事情,首先会意识到思想,然后变成思想的目击者。"

"如果人们要在法庭上指控'思想',这个倒有用。"

焦虑说。

"本来就有用。"我说,"这样思想就会失去支配一个人的力量。"

"胡说!"焦虑说,"如果我在土耳其长大,整天听埃尔多安讲话,他照样还是拥有掌控我的力量。"

"这取决于你如何反思。"我说,"举个例子:如果你再像现在这样,故意曲解我的意思,不认真对待我,那么我的情绪就会征服我,我就会对你大吼大叫,暴揍你一顿。"

"你敢?"焦虑大喊。

"或者说,"我补充道,"我观察到是什么在我的体内触发了这一情绪。比如,我可以观察,特定情绪是如何从思想里产生的,现在这种情况,就产生了'愤怒',但'愤怒'并没有征服我,它只是在那儿。"

"啊哈。"焦虑说,"它只是在那儿。"

"没错。"

"埃尔多安也是如此？"

"呃，可以这么说吧。"

"好吧，祝贺你。"焦虑说，"这样的话什么事都不会出错了。"

32

焦虑的故事

萨比娜饶有兴趣地向我俯身,差点碰翻了她自己的金汤力酒。

"你在写什么文章?"她问。

酒吧里人声鼎沸,我内心却平静如水。文章是关于焦虑的,用的却是另一种方式,开诚布公地谈。首先,一些人并不把焦虑当作问题,直到夜里它席卷而来。对其他人来说,焦虑只是个话题,对我来说却是一种感受。谈焦虑就会引起焦虑,无论如何我都不想提及它。那该怎么做呢?拒绝回答?或者说:"无可奉告。"听起来可真怪。那要怎么说呢?我想,我还是适应一下这个话题吧。

"我在写一个关于焦虑的故事。"我边说边悄悄在裤子上擦了擦手心里的汗,现在我的手心里粘着裤子上成千上万的黑色细小绒毛。我瞟见焦虑抓着吧台唯一的空座,倒着啤酒,它竟然还冲我眨了眨眼!我连忙移回视线,看向萨比娜。

"哇哦,社会题材。难民,恐怖主义,反对欧洲伊斯兰文化?"

"不是,是关于焦虑症的,我的焦虑症。"

"啊?你有焦虑症?我都不知道。"

吧嗒一声,我仿佛听见萨比娜脑袋里贴着"心理学"标签的抽屉被拉开了。这只是我想象出来的,可我又觉得,突然间,她看我的眼神变得不一样了:审视、好奇、充满兴趣。

焦虑紧紧地盯着我,将它的空酒杯重重地砸在吧台上。它就不能破例跟踪一下别人?它摇摇头,似乎总能知道我在想什么。通过心电感应,我接收到了它传给我的信号:叛徒!好吧,我早就料到了。我俩之间有一个协定:我们之间的事情不可以告诉第三个人。现在我和别人在背后议论它，就打破了这个协定。不仅如此，我还将把文章放在《日报》头版头条的位置，这会把焦虑牢牢地钉在耻辱柱上。"你诬陷我。"它冲我比着口型。我心不在焉地听着萨比娜讲话，一个揉得皱巴巴的小纸团落到了桌子上，我展开它，上面写着："等着吧，你这个卑鄙小人。"

"什么时候会出现焦虑？"萨比娜问我。

我思考了一下要不要告诉她焦虑其实能言善辩，而且此时此刻正在嫉妒地望着我们，但想想还是算了。

"惊恐发作的时候。"我说，"比如说，在地铁上或者看医生时。"

这当然只是事实的一部分，可每回我想解释"焦虑"时，都只能这么说。这个话题当然不能在闲聊中说清楚，它太复杂，许多东西我自己也搞不清楚。

"我同事的堂兄也有焦虑症。"萨比娜说，"他不得不依赖某种药物。"

她就差问我认不认识这个人。就像一个充满讽刺意味的笑话：一对异性情侣终于结识了一对同性恋，欣喜万分，问他们认不认识远在其他城市的另一对同性恋。大概是我太严苛了，萨比娜却兴趣盎然。

但我还是说："焦虑症患者确实比想象中的多。"我心想，闭上眼睛，你做这些不是为了你自己，而是为了所有和你有同样遭遇的人。但是仅仅因为我说出了自己的遭遇，就成了焦虑症的使者，这还是很奇怪。

"仅仅在德国，每六个人里面就有一个人曾有过焦虑症，数量仅次于抑郁和酗酒。"

"哇，这我闻所未闻。"萨比娜说。

"我知道的也不算多。"我说，"在一些人看来，有焦虑症的人都是极度害羞、腼腆、胆小的，这纯属谬误。"

看着萨比娜带着歉意的微笑，我就知道我说中了。也许刚才她根本没有把我塞进"头脑中的抽屉"，而是尝试将两种印象同时保留：一个是她熟识已久、乐观无畏的同事，一个是神经质的阿姨。

"说得对,你看起来和焦虑丝毫联系不到一起。"

焦虑在远处愤怒地用食指敲击着吧台座位,我抱歉地耸了耸肩,继续看着萨比娜。

"没错。"我说,"毕竟也没有人看起来就和抑郁症或是厌食症很相配吧,人不会没病找病,对吧?"

萨比娜点了点头。

"这本书会用笔名署名,对吧?"

"不啊,会署真名。"我说,"一不做,二不休。匿名的个人经历已经铺天盖地,去网上看看或者翻翻《布丽吉特》女性杂志,大家都用匿名传达信息,但这种方式并不奏效。我能理解他们,他们不想让自己的老板觉得自己疯了。"

"所以你已经疯了?"萨比娜笑了起来。

"说实话,我想不出这对我会造成什么不良影响。焦虑并没有阻止我写作,而对一些人来说,他们的焦虑会阻碍他们做任何事情。为了让事情更好地得到解决，总得有勇士第一个站出来。"

"你能把它公之于众，真勇敢。"萨比娜说。

"不是勇敢，"我说，"是必须。几年前这样的言论我是想也不敢想的。"

"那么后来什么事改变了你的想法？"

我想了想。

"也许是我必须独自战胜它。现在轮到其他人这样做了。"

我们举杯庆祝，当我看向吧台时，原先的座位空了。

33

公开的羞辱

报纸上刊登了我和焦虑戏剧性的故事,两周后,它公开地羞辱了我。我们一起参加一个生日聚会,我才是收到请柬的那个人,而它只是不速之客,不过我们已经习以为常。

一开始我压根没有注意到焦虑也在场,我以为周围只有朋友、气泡酒。打碟的人还没来,目前没有音乐,但氛围却很棒。我和朋友们打招呼,站着聊天。一个朋友说起几周前她从楼梯上摔下来的经历,还给展示她手腕上的疤,看起来是非常复杂的伤口,手术后里面钉着钢板。这个事故的离奇程度不失为一个好故事,我和众人都感到惊讶,视线却离不开那条干瘦的手臂,她用另一只手握住受伤的手臂,整个人如受伤的小鸟一般,表现得小心翼翼。

突然焦虑站到我身后，我强忍住转身的冲动。

我头晕目眩，找了位置坐下来后更晕，我又站起来，朝光线昏暗的地方走去，那里一个人也没有，我沿着墙滑到了地上，看到了远处有一张忧心忡忡的脸，然后我就失去了意识。

当我再次醒来时，周围的一切非常吵闹，耳边似有淙淙流水的声音，有人拍打我的脸颊，呼唤我的名字。我瞟了一眼，想要辨认出那人是谁，画面突然一晃而过。我不想回到晕倒的状态中被人扇耳光。路面上的沥青在我汗涔涔的双腿下格外冰冷。

我的朋友挨着我坐在出租车上，他攥着我的手。焦虑坐在我的膝上，捧腹大笑。

"你上回昏倒是什么时候？"它问。

"四五年前吧。"我小声说。

"那时你还以为再也不会发生这样的事。"焦虑晃着脑袋，"这是低级错误啊。"

我感觉很糟。

回到家后,我尝试去解释刚刚发生的一切,用一种与焦虑无关的原因。

的确,我们白天去了海边,但都在阴凉地里行走;的确,我吃得很少,但聚会前我还吃了个小奶酪面包;的确,我前一晚只睡了四个小时,但醒来后我依然神清气爽;的确,我喝了酒,但那只是冰镇气泡酒。

有没有可能是一只不属于我的断臂击昏了我?如果真是这样的话,哪里才是安全的地方?

接下来的几天,我确信,没有地方是安全的。假如我会不分场合地昏倒,那也有可能是与同事共进午餐的时候,在地铁上,在超市收银台处。焦虑从来都没有离我远去,我拼命想要摆脱它,它却寸步不离;当我原地站定时,它就冒了出来。跟着我并不有趣,但它还是死死缠住我,给我讲一些我压根不感兴趣的事情,故意坐在和我正聊得投机的朋友之间。对此,我却无能为力,因为它会威胁我。

"现在你该明白,"焦虑用冰冷的手指抚摸我,"昏倒的滋味不好受,你不希望再来一次,对吧?"

是的,与其再昏倒一次,不如直接去死。

"哎哟,拜托,"焦虑说,"别这么悲观,这里没人会死,那样太无聊了。"

然后它用手指急促地轻敲桌面,我的心脏也跟着同一频率快速地猛跳。

"你想要爱,"它说,"不过你已经有了。"

34

瑜伽练习

"你。"焦虑在我耳边说,"我有问题问你。"

我们盘腿坐在地上,按住左鼻孔,只用右鼻孔出气。焦虑从来没有做过瑜伽,但密宗哈达瑜伽课让它很是着迷。首先是调整气息的呼吸练习。它起身,慢慢将空气全部呼出,身体前倾,长时间地保持闭气停顿,直到快要窒息,我可不这样。焦虑与我相反,它喜欢冒险,达到极端。理论上我当然知道要在肺里及时吸入氧气,而实践中我却不是很有信心。为什么每次做这个动作的时候,我的心脏便开始狂跳不止?

"现在不行。"我小声说,这时我们要换右鼻孔练习,默数到八,"我得集中注意力。"

"是很重要的事啊!"焦虑说,"你难道没听老师之前怎么说的吗?"

"你什么意思?"

"他说我是'爱'的反面,真是不像话!"焦虑生气地说。

"能一会儿再谈吗?"我问。

焦虑鼻子里发出不屑一顾的声音。

"一会儿,一会儿,然而你总是说我们要活在当下。"

"对,我们现在不是正在做瑜伽吗?"

我们变换姿势到下犬式。

"我不同意。"焦虑喘着气说,"这里歧视少数群体,瑜伽馆应该是庇护所啊。"

"你没有为课程付钱,就请不要再抱怨了。"

我们安静地完成一系列的体位,直到其他学员的喘息声打破了沉默。

"我一直以为我的反面是'勇气'。"焦虑悲伤地说。

我一边保持"战士"姿势,一边思考它说的话。

"不如说,你是勇气的先决条件。"我说,"如果没有你,也不会有人变得勇敢。"

焦虑露出喜色。

我们拿起垫子,准备做最后一个动作——"摊尸式",焦虑对我说:"关于'爱'的话题,我们以后再谈。"

35

性情愈发真实

"现在我总算明白了,为什么你近几年变得越来越严肃。"咖啡机前的女同事这样对我说。

她很感谢我开诚布公地谈论焦虑,不过刚刚这话也暗示着,有焦虑症的人不经常笑。她错了。我没有越来越严肃,我只是越来越真实。

一个绕不过去的问题:这几年来我有没有刻意迷惑身边的人?答案是:既可以说有,也可以说没有。一方面我非常享受扮演一个开朗的人。大多数人都喜欢亲近愉快的乐观主义者,而不是那些给他们压力的人。其次,笑是最美的装饰。然而另一方面,我对自己的表演毫无察觉,就像一个演员把自己和角色混为一谈,手势、语言和特征完全一致,即使在停工后也无法出戏,而是笃定地认为,自己就是这个角色。我就是这样,我大笑,打趣,表现单纯,这当然是我,但我不只如此,我有自己个性的黑暗面,至少是看起来有极端的一面。

七年前我才真正明白了这个道理。我那时的主管有一次找我谈话,听我汇报工作,当时我们坐在餐厅里,点了咖啡和甜点,我紧张得不行,难道我第一年就要搞砸了?还好我的主管对我的工作评价较高,虽然还有一些需要改进的地方,但整体上都井然有序。主管拿着点心叉,一动不动,我恨不得当下把自己人际交往的能力全部召唤出来。

"自从你在这里工作,"他说,"编辑部的反响就变得很好。"

这话在我听来却是:"你是编辑部的灾难,不过人倒是很幽默。"

一年以来,我写文章,联系作者,调研题目,结果却是:我变成一个会逗乐的人,负责给大家撒花。我怀疑当初应聘时是不是漏看了职位简介,其实他们需要的是个小丑或者社会工作者?

有些话对别人而言是奖励，对我来说可能是侮辱。我常囿于自己复杂的思维模式里，根据经验去理解别人说的话，从习惯出发去判断。我不会专注于表扬，而是放大批评；我不会逐字逐句地看待批评，而是权衡一下，是内容知识更重要，还是软技能更胜一筹？我总感觉自己在模仿干练的女同事，总是担心自己把事情搞砸。能力不足的骗子才会骗取铁饭碗，看看我，一事无成的我。

和主管的谈话结束后，我花了几天时间重新分析一遍，不得不说，他话里有话。当编辑部的氛围改变时，我能立马觉察。别人有天线，而我有电视塔，368米高，全天候运作的塔台。我时常无法对文本全神贯注，因为我对周围的环境极度敏感，比如，昨晚和男朋友吵架了的女同事，讨厌在大办公室里办公的男同事，比往常安静的实习生。并不是周围的人和我说了什么，而是他们的情感毫无过滤地浇在我身上，我遭受着过度共情的痛苦，随之而来的是精神紧张和精疲力竭。

第一年我不知疲倦地工作，主要是为了在必要的时候，活跃气氛，平息争论，左右逢源。我就像香薰或者空气清新剂，像喷洒除草剂那样播撒好心情。但这很耗费精力，我慷慨地贡献我的精力，直到最后消耗殆尽。当我意识到这一点的时候，才发觉其实自己对同事们同样抱有怨气。

如果稍微克制一下，会不会是种奢望？那样的话我就没必要费尽心思去活跃压抑的氛围。我越深究，越觉得对不相干的人发泄沮丧情绪是不礼貌的，我做梦都不会这样做。我对自己的烦恼一笑了之或者忍气吞声，但它们着实让我胃痛。但是，没人非得忍受这种痛苦。

有段时间我沉浸在自怨自艾中，沉迷于无私奉献的护士角色无法自拔，她们甚至会给饥渴的吸血鬼注射流食，但生活不是粗制滥造的电视剧，我终于明白，如果想要继续进步的话，就必须面对现实。

现实是，没有人恳求我帮他们解决问题。

那我为什么还非要这么做？

"因为你想让别人一切安好。"内心的声音说。

这个声音我认得，这是我想成为的那个人。去年我学到的一点是，不要轻信这个声音，所以我又问了一遍，这一遍更加迫切。一个孩童的声音回答我："因为你想让周围一团和气。"

不得不说,它是对的。

虽然我经常欺骗自己说我是出于利他心,但进一步观察后并非如此,而是碍于内心的一种必要性:我无法承受紧张的气氛,所以才尽力消除不和谐的东西,从早到晚,无论在家还是在办公室,无论是朋友、父母还是同事之间。走开,走开,到最后只留下和谐。这是一种强迫症,不同的是,我不是强迫自己洗手,而是强迫自己保留和谐的人际氛围。

几年后我第一次接触到一种被称为"高敏感度"的现象,这个概念由美国的心理治疗师伊莱恩·阿隆(Elaine Aron)在1966年提出,她百万销量的《天生敏感》(*The Highly Sensitive Person*)一书中提到了这一现象。她定义了"高敏感度"一词,简单来说,这是一种与生俱来的特质,能够感知细小的事物。尽管对此有数不胜数的研究、著作和出版物,可直到今天这个概念还是没得到学术界的认可。不管怎样,阿隆指出,除了许多心理学家之外,卡尔·古斯塔夫·荣格(Carl Gustav Jung)和杰罗姆·凯根(Jerome Kagan)在很早之前就研究过这一人格特点,只不过荣格说的是"内向",而凯根说的是"抑制型气质"(这里的"内向"既不是指"害羞",也不是"高敏感度"的同义词,篇幅有限,此处不作赘述)。《大西洋月刊》(The Atlantic)的编辑斯科特·斯多塞尔(Scott Stossel),也在他的著作《焦虑如何麻痹心灵以及人们如何从中解脱》(Angst. Wie sie die Seele lähmt und wie man sich befreien kann)中提到了凯根的研究,并在"焦虑基因"一章里写道,几十年来研究不断证明,百分之十到百分之二十的婴儿在出生几周后比其他婴儿更焦虑。凯根表示,这些敏感的抑制型孩子在出生时兴奋的阈值较低,以后的人生中也会出现心率过高,惊吓反射过快的现象,他们血液中的"压力荷尔蒙"比敏感度低的同龄人更多,患焦虑症的概率也越高。

根据阿隆设计的测试结果,我绝对属于高敏感度人群,但这到底意味着什么?

乔治·帕洛(Georg Parlow)的《善感多愁》(Zart besaitet)是第一本勾起我对该话题兴趣的书,它解答了我和千千万万读者的困惑,至少网上的读者评价很高:终于一切都说得通了!真实的梦境,对自然的偏爱,对安静的渴望。作为高敏感度人群,我从周围环境中摄取更多的信息,这使我的大脑更快地陷入疲惫,引发过度刺激,我需要更长的休息时间重新给自己充电。另外,我的情感似乎异常强烈,特别是在社交中所展现出来的,不论是积极的还是消极的羞愧、同情或者焦虑。我的感官——味觉、听觉、嗅觉、视觉和感觉,也是如此。这恰好说明了我为什么不敢开香槟的木塞,以及为什么在新年之夜我更愿意待在房间里:外面太吵了。乘坐公共交通时,我常感叹这真是大错特错、反自然的发明:太多的人像被驱赶的牲畜一样挤在狭小的空间。这种情况下我时常扪心自问,是不是我的问题?是不是我太落后了?使用本能多于理智,动物天性多于人类特性。有趣的是,动物中的"高敏感度人群"比例也很低,与人类一样,也是百分之二十左右。大体上高敏感度人群注重内心世界多于外部环境,这大概也印证了,为什么我一直抓着这个话题不放。

首先要澄清的是,过度共情、处理不好压力与冲突的关系,错不在我,始作俑者是我的基因、我的天性、高反应的神经系统以及快速反应的大脑。这也解释了当所有事都在朝着我不喜欢的方向发展时,我为什么会表现成这样,又是如何变成这样的。起码我在这个群体里是正常的。

帕洛在书里还提出一个论点,高敏感度的人通常会被误以为有焦虑症:"高敏感度人群的共同特征是身体或心理上出现过度刺激的症状。简单地说，就是亢奋状态，尤其当我们进入到一个新的、不熟悉的环境中……这使得高敏感度人群经常接受药物或心理疗法来缓解焦虑状态和惊恐发作。"帕洛继续写道，惊恐的产生有两个步骤："亢奋状态是身体上、情感上和思想上过度刺激的结果——不舒服当然也是反应之一。过度刺激率先表现出来，它与焦虑的症状非常相似。接下来的反应就是感到焦虑、惊恐，抑或什么都没有。"帕洛认为过度刺激要么产生于突然间大量的刺激，要么产生于日积月累的微小刺激，要么就是两者结合。

我会不会根本没有焦虑症呢？会不会是诊断结果过于草率，而我只是拥有与多数人不同的天赋罢了？还是说我的高敏感度确实是促成焦虑症的因素？或许这些根本不重要。焦虑始终在这里，它压根没有兴趣弄明白自己是怎样产生的，而我却很想知道，究竟怎样才能摆脱它。

然后我看到了伊莱恩·阿隆《心理治疗中的高敏感度人群》（*Hochsensible Menschen in der Psychotherapie*）中的一句话："只要高敏感度人群清楚过度刺激在惊恐发作中所起到的作用，那么他们的情况就会容易好转。与之相反，不敏感的人难以用此方法摆脱惊恐发作。"

我倒可以试试。迄今为止，我一直想让自己脸皮变厚，不那么敏感，但又想不出到底该如何实现，毕竟没有人会告诉我，如何从一个筛子变成乌龟壳。把筛子的洞堵住？那样的话，还是与厚得像皮革一样的皮肤相去甚远。想要竭尽全力改变自己终归是徒劳。我的脸皮还是一如既往的薄，我能做的就是好好保护它。

36

梦境释放压力

露天音乐会上就我一个人坐在看起来像马桶的椅子上,因此我也没穿裤子,可这并不稀奇,因为柏林和我的梦境没什么两样。音乐会非常棒,我很久没有这样真正放松过自己了,无忧无虑,无所畏惧。突然我放了个屁,不是可爱的、小朋友的屁,而是如小号般洪亮的屁,它很好地发挥了作用——音乐全停了。当所有的脑袋都转向我时,我才意识到发生了什么。我尴尬地笑着,不知所措,心里呐喊:"天哪!"羞耻感像洪水一样袭来,随之而来的是另一种感受:意想不到的如释重负。我虽然失去了控制,却获得了像屁股一样行事的自由。

37

寻找平衡

是继续接受焦虑症治疗，还是改善我的高敏感度？想要找到一个折中的办法实在太困难了，我看起来是陷入了无法破解的两难境地：一方面，我得避免导致焦虑的情境；另一方面又要减少过度刺激的情境。我要怎么小心迂回呢？

我渐渐地明白了，必须要好好分配自己的力量。其中的关键在于"中庸"，多么迂腐可怕的字眼。更糟糕的恐怕只有在工作和生活中平衡了，但也不是所有人都这么觉得，因为让我疲惫的主要是生活，而不是工作。就好比，与朋友约会非常有趣，但如果我每天收到邀约，久而久之，约会只会变成恼人的社交负担。

我给自己立了个规矩：以后每周至少有两个晚上留给自

己。在这两个晚上,我无所顾忌地做自己,无论是看电视剧、打电话,还是洗碗,这个方法都很奏效。虽然我一直喜欢独处,但我仍然不明白,自己是如此迫切地需要独处的时间。当我乘坐地铁、去电影院以及惊恐发作的时候,我的身体中堆积了很多肾上腺素,它们必须被分解掉。

我把过去十年的黑色袖珍日记本并排摆放在一起,乍一看它们一模一样,可当我掀开日记时,一个变化的过程就呈现在了眼前。在较旧的日记本里,一页有十几条记录,小得用显微镜才看得清的文字密密麻麻地挤作一团。越往后,日记越少,横格纸还像新的一样。有时甚至好几天都没有发生什么事。

38

电视上谈论焦虑

我在电视上谈论焦虑。它感觉可不妙,威胁地喊道:"你赶紧给我回来!"我回到了家,它已经走了。我猜它去抽烟了。

39

身体检查无恙

在焦虑搞砸我派对的几周后,亨利对我说:"你要不要去看医生?"

"为什么?"我问他,"我已经好了啊。"如果忽略掉焦虑的话,我当然好得很,然而医生也无法带走我的焦虑。

"我觉得,你应该做一次全身体检。血常规,心电图,甲状腺……只是为了排除身体上的原因。"

"嗯,可能需要吧。心电图检查不疼吧?"

"你从没做过?"亨利惊讶地看着我。

"没有。血常规也没有。"

亨利看我的样子像是从没见过我。

"怎么了?"我说,"只是没有机会嘛。"

"呃,请注意,从小你就时不时昏迷,这还不值得检查吗?"

每次亨利怀疑自己得了不治之症时,就去医院检查心脏、血液,不过每回都是虚惊一场,我猜只是他自己焦虑罢了,就像我一样。但是去体检一次也无妨。

两个礼拜后我骑着车来到了亨利给我推荐的诊所,焦虑从自行车后座上跳下来,搭着我的肩。

"我们到了。"说罢,焦虑按下了门铃。磨砂玻璃门自动打开,我立马无法忍受,医院特有的味道扑面而来,这股气味究竟是什么?消毒水?针管的味道?针管当然有自己的气味,不然我也不会五十米开外就闻见。

我在衣物寄存处放外套时,焦虑自己在接待台边晃荡。

"您好，我们预约了罗达尼医生。"焦虑晃了晃手中的医保卡。

"请您先找个位子坐下，填好这张病历单。"问诊助理边说边把手里的三张A4纸塞给了焦虑。焦虑用咖啡机给自己做了杯咖啡，对周围的人点头示意，径直走向候诊室里唯一一把看起来很舒适的椅子。它一屁股坐在椅子上，长叹一口气，然后在纸上涂涂画画。

我克制住想要逃离诊所的冲动。这里的空气太沉重，就好像空气被切成块，像救济所分发食物似的施舍给人们。这些人都怎么了？他们不需要氧气吗？我连忙躲进厕所，用凉水冲洗手腕，想要尽可能地呼吸。吸气，呼气，吸气，呼气。沉闷的声音穿透了这个狭小空间，有人在敲门。进来！啊，不对，是我的心怦怦跳的声音。

回到候诊室，我的身体沿着墙向下滑，非常接近地面但我还是支撑着身体，这个姿势对我的血液循环有好处，而且在地铁或者其他能倚靠的地方都非常奏效。

我花了好几年的时间改进这个姿势。以前坐地铁时我总想着坐下来，原因很简单：要是站着晕倒，就会摔得更狠。

想要抢到座位的欲望让我根本不想踏进人满为患的车厢。不知道什么时候情况变了,我发觉站着反而更舒服一点。站着意味着自由,可以到处走或者下车。我把紧张情绪引导到脚上,转动脚踝,踮起脚尖,微调姿势。如果这样还没有用的话,那就蹲着或者斜倚着,把地面当作安全的基石。

唯一的缺点是:双腿会陷入麻痹,而且有时别人会投来异样的目光,正如现在候诊室里的人们。他们的眼神似乎在问,为什么她不像所有正常人一样好好找个空位坐下来?很简单,因为我不正常。

不知什么时候我身旁的门开了,出来一位医生,环视整个房间。

"赛柏特小姐?"

"在这里。"

罗达尼医生循声望去,并试图不让人察觉到他看到我时的疑惑。但我还是察觉到了,于是赶紧起立。

"请您跟我进来。"他说。

"好的，谢谢。"焦虑说，并且挤到我和医生前面，进了诊室。

也许罗达尼医生会读心术，也许他也想呼吸一些新鲜空气，总之他进屋后做的第一件事就是打开窗户。我深吸一口气，坐在了他办公桌前的椅子上。

罗达尼医生一边翻阅我的病历，一边问："您哪里不舒服？"

我向他描述我几次失去意识昏倒的经历，跟他解释我的焦虑、耳鸣、脸颊发烫。罗达尼医生怀疑地看着我，问："您现在也是如此吗？您想躺下来吗？"

他指了指诊床。

"好的，我想坐在上面。"我说，"以防我晕倒。"

他轻描淡写地点了点头，开始把病历单上的数据录入电脑。他还问了我的病情、习惯和用药情况。

"现在好多了吧？"他顺便问。

焦虑懒洋洋地倚靠着沙发,绷着脸,像是在闹别扭。我晃荡着双腿,想要保持意识清醒,就好像这样我就能把沉闷的感觉赶出脑袋似的。

罗达尼医生轻点鼠标,结束询问,然后转向我。

"是身体上的原因吗?"我问,"比如甲状腺之类的?"

"我看不是,但我们都会检查一遍。"

我从诊床上站起来的时候,纸垫黏在了手上,我在双手支撑的地方留下两道潮湿的印迹,看起来像是那里坐着一个幽灵。

护士告诉我,我的心电图和血压都很正常。抽血时,我们还聊了情感危机的题外话。在此期间,为了保险起见,我还是躺着的。

"您只要保持呼吸就行了。"护士说。

我在想,会不会有人停止呼吸了?那就嗝屁了。呼吸是不是一项成就呢?这方面我做得还不错。

一周后化验结果出来了。

"您十分健康。"罗达尼医生说,他蹬着转椅离开了桌边,起立,戴上听诊器。"那我们快点做检查吧。"

什么?十分健康?

什么?检查?

在我想要提出抗议前,我闭着眼站那儿,把右手食指放在自己的鼻尖上,告诉自己:这个医生还不错!他检查得很快,焦虑还没赶到。就像法国电影《幸运星卢克》中,卢克举枪的速度比他的影子还快。于是我暗自决定,从现在起称呼罗达尼医生为卢克医生。

当焦虑气喘吁吁地站在医生旁边,——不知道为什么它头上还戴了个灯——我有些头晕目眩。检查已经过半了。卢克医生站在诊床边,拿了一把小锤子轻敲我的脚踝。

"请闭上眼,现在用右脚尖触碰左膝盖。"他说。我什么也没想,右边,左边,然后呢?不是我肢体协调性的问题,在这点上我本来就很好,练瑜伽时我甚至做树式都不会跌倒。可一看到焦虑,我就分心。

结束的时候,我一切正常。检查结果卢克医生无须多言,他握着我出汗的手,当我还想提问时,已经被他送出了诊所。

可以确定的是,他一定认为我是疯子,为什么坐在他面前,尤其是躺着的时候,总止不住地颤抖?但可能所有见过我的医生都这么想。也许我的牙医、我的妇科医生、卢克医生每周三晚上聚餐,谈论我的情况,说我不止害怕针管,而是害怕所有的东西。然后怀疑地想,这个病人以后要怎么过上正常的生活?

哼,女士们先生们,我的身体非常好,非常健康!你们没想到吧?

所以我也不喜欢在街上遇见我的医生,我会莫名地害怕,怕他们让我崩溃。

当打开自行车的锁,我有种感觉,仿佛就要失去什么东西,当然不可能是焦虑。

"今天真是太有趣啦！"焦虑高兴地喊道，跳上了自行车后座。

"我跟你相反，"我说，"真搞不懂为什么我们还能待在一起这么长时间。"

骑车回家的路上，我思考着卢克医生的那句"您十分健康"，好像是在对我说，我中了头等奖一样。亨利恨不得立马办一个派对，庆祝生活；我却感觉身处葬礼中。无论如何我有点失望。

我不是期待着脑袋里长肿瘤、癌症或者免疫系统疾病，只是想，也许我会有无伤大雅、很快痊愈的小病，比如说缺铁之类的。

然而没有，我十分健康，那么毫无疑问：只是我的脑袋有问题。

40

焦虑再次来访

焦虑打开门,顺手把包裹里的东西一股脑儿地倒在桌子上。

"早上好。"它说。

我连忙关闭聊天窗口,合上笔记本电脑,刚刚我还在查找它的下落。

"你去汉堡了吗?"

"对啊,不过,其实三个礼拜就够了,再多待一天的话,我就要死了。"

焦虑夸张地摊在椅子上,伸手去碰新买的长沙发。

"你最近怎么样?"它问我。

"没做什么事,工作,见朋友,看电视剧。"

"我的天哪,听听你自己说的。"它喊道。

它漫无目的地翻着杂志。

"这上面都是些什么东西?'马克西和克劳斯的生活方式''手工DIY'……你看的都是什么玩意儿?"

"读这些能让我自己放松一下,我觉得很好看。"

"好吧,我又回来了。这可不叫生活。"

"行吧……"我提高嗓音。

"够了!"它喊道,"我们现在坐地铁去新克尔恩。"它看了一眼厨房上的钟,欢呼道:"正是交通高峰期!一天里的最好时刻!"

"不。"我说,"我想待在这儿。"

"不行。"焦虑说,"半个小时前说好的。"

我不情愿地套上大衣。

"有机会你得跟我好好解释解释,为什么你总缠着我。"

"很简单。"焦虑伸了伸胳膊,摆了摆手,"因为你这儿太好了,是我的舒适区。"

41
不再隐藏

自我公开自己的焦虑症之日起,有一件事情彻底改变了。那就是,我不再费尽心思隐藏自己的焦虑。多年以来,我一直小心翼翼地严守这个秘密,现在我通过公开挑明,使自己从困扰中解脱。直到我把焦点从别人身上转移到自己身上,我才发现,这么多年日子并不好过。

这还导致了我的第二个改变:我变得不在乎别人对我的看法,而是更重视自己的感受。以前我总是克制自己,希望别人不要说我坏话,不要在背后中伤我。我把肌肉绷紧,使自己像木板一样坚硬,好让焦虑留在我的体内。我掐自己的手掌心,直到感到疼痛,好让自己察觉不到焦虑,或者说,不只是焦虑。生活依然继续,尽管我身体在这里,灵魂却在很远的地方。

我早前的生活环境相对简单。自己也不挑剔，对遭遇的一切逆来顺受，我伪装出另一副样子，用看电影、参加朗读会、坐地铁来鞭策自己。我蒙蔽了所有人，扛下来所有问题。我不会再这样了。现在我对自己说，如果负担过重，就直接喊停。有朋友邀约，我会说："我们能在你家见面吗？我觉得今天不舒服。"聊到了我不喜欢的话题，我会说："我们可以聊点别的吗？我对这个话题比较敏感。"

有时候，这样会被误解。一位朋友把我的敏感理解为我对某个话题意兴阑珊。她对我说了一句我以前常对自己说的话："那就克制一下你自己。"我这才意识到，这句话多伤人，我感到无助、不被理解，进而愤怒，然后悲伤。当别人以强硬的态度对待我时，我才清楚，多年来我也一直这样对待自己，这是多么极端。克制？认真的吗？

我每晚都磨牙，说明自己压力很大，那么白天就应该放松自己。这并不意味着我要放弃社交或者表现得粗鲁无礼，我只是更加注重个人的界限。克制自己，听起来就很痛苦。克制自己意味着搁置自身需求，去做不愿意做的事情。

实际上在日常生活中，人们对此习以为常。我克制自己，即使生着重病，我还是得把文章写完；我克制自己，即使不感兴趣,也要就某个话题聊上几个回合。

如果我要为此付出代价,那我就不会再克制了。

态度如此明确也会招来口诛笔伐。人们发现我突然变得粗鲁、无情、自私,只是因为我以前是个"老好人"。是的,我很自私,终于被发现了。我爱惜自己,保护自己,为自己争利益。我只活一次,我要尽可能地让自己舒坦。焦虑,这话也是说给你听的。(我知道你会偷偷看我的文章。)

42

跳舞

消耗,堆叠,筑垒。

应对。

跳舞。

43

文章受到好评

以上就是我的故事。

文章发表后好评如潮，2016年我甚至收到一封手写的信。我的同事们告诉我，他们也有相同的遭遇；治疗师想要把我的文章给他们的病人看；读者们赞赏我的勇气，说"这简直就是我的故事！"

一些同事好奇我需不需要保护，因为现在我永远是个焦虑的人了。身为记者，保护笔下的人物是非常重要的，而保护同胞免受伤害，对人类来说也是非常重要的。我很高兴，我在这样一种氛围中工作。尽管如此，我还是觉得这种保护是有问题的。

人们会保护谁？弱者。保护弱者免受什么？免受别人或者自己的伤害。

换句话说，被心理问题困扰的人就是弱者，他们需要远离那些将他们视为疯子的人。同时还要有提防自己的勇气，以免未来后悔。

我们的社会也是这么运行的，所以焦虑症才会日渐成为耻辱。

我深信，若人们能准确地称呼心理疾病，便拥有了战胜它的力量。"疯子"就不是一个准确的词，首先它带有贬义，其次它给人留了很大的想象空间。有伤员流血时，旁人不能只给他贴一个创可贴就期待伤口会自动愈合。人们必须弄清楚为什么会流血，比如月经问题就不同于痔疮治疗。不具体的诊断会使原本的疾病更加严重。

最重要的一点是，我们得多聊一聊心理上的困扰。我不责备父母那一辈人，因为他们有自己的理由来回避这个话题：担心被社会排斥，担心失去工作，这种事情自己解决就行了，或者至多在家人之间谈论。父母那一代人毕竟是被祖父母那一代人教育长大，而祖父母那一代也有充分的理由对这个话题避而不谈：第二次世界大战期间，有精神问题的人会被处死。那么代代相传的心灵创伤越来越深。斯科特·斯多塞尔在他的书里写道，研究人员在调查创伤受害者时发现："大屠杀幸存者的后代，比同种族没有经历过大屠杀的人的后代，有更大的心理压力，更易焦虑，他们体内'压力荷尔蒙'的数值更高。"

当今世界的政治格局令人担忧，少数群体的生活比所谓的"正常人"更加危险，因为他们担心被排挤，所以只好装出一副相安无事的表象。我与许多人正与这种窘境奋力抗争，但我们的行为也为焦虑症奠定了基础。

我决定实名记录自己焦虑的故事，这不是个草率的决定。我很快清楚，我想写这个主题，或者说必须把它写下来。记者和作家这两个职业的神奇之处便体现出来：尽管是一段不愉快的经历，我仍然可以把它写成一个精彩的故事。我看了很多关于焦虑症的资料，都是匿名的经历报告。我想，正是如此它才始终是个禁忌话题。也正由于这些丰富的匿名文章，人们虽然比以前更清楚焦虑疾病的存在，却始终认为它不在自己身边，不会是自己的邻居、同事、伴侣，而只是一些没有面孔的、匿名的大众。

等待社会承认一个人是"正常人",是不会带来任何成效的。社会会适应事实,而事实就是多数人所展现出来的样子。早晚有一天,人们看到同性恋亲吻的时候,不会再露出异样的目光;看到戴头巾的女人跑步时,不会感到奇怪;看到身份证上的第三性别时,不再大惊小怪。

我常听到这样的言论,你如果对别人坦露太多,就很容易被抓住把柄。这话也许是对的。但就我亲身经历而言,如果你足够真诚,那么没有人会揪住把柄攻击你。人们最多感叹一下,你这个人多么坦诚。或许你偶尔会觉得像被监视一样,但很快就会恢复正常。你不必再遮遮掩掩,倾诉之后会轻松许多,我保证。

未来我会不会被简单归结为一个焦虑症患者?有可能会。我的朋友们都知道我的焦虑症,不能接受的人,我们本来也就相处不来。

没错,我是焦虑的人,但我也是说话有巴登州口音的人;是研究过时尚却有时觉得它怪异的人;是喜爱嘻哈胜过电子音乐的人;是累的时候会狂笑不止的人;或者,正如一位同事所说,是永远有一头卷发的人。

44

与焦虑说再见

"不要,请别!"焦虑大喊,手脚胡乱扑腾。

我从睡梦中惊醒。

"你还好吧?"我问。

焦虑睁开眼睛。

"我做了一个恐怖的噩梦!"

"说说看。"我说。

焦虑在背后塞了一个枕头,打开了床头柜上的灯。

"你做了所有事情。"它支支吾吾地说,"日常生活的琐事,和亨利喝酒,购物,看电影。"

"啊?这有什么恐怖的?"我揉着眼睛。

焦虑责备地看着我。

"因为我不在你身边。"